Tragwerkslehre in Anschauungsmodellen

Statik und Festigkeitslehre und ihre Anwendung auf Konstruktionen

Von Prof. Dr.-Ing. Walther Mann
Technische Hochschule Darmstadt

Mit 123 Photos und 105 Zeichnungen

B. G. Teubner Stuttgart 1985

ISBN 978-3-519-05237-1   ISBN 978-3-322-90305-1 (eBook)
DOI 10.1007/978-3-322-90305-1

CIP-Kurztitelaufnahme der Deutschen Bibliothek

Mann, Walther:
Tragwerkslehre in Anschauungsmodellen: Statik u. Festigkeitslehre
u. ihre Anwendung auf Konstruktionen / Walther Mann.
Stuttgart: Teubner, 1985

Das Werk ist urheberrechtlich geschützt. Die dadurch begründeten Rechte, besonders die der Übersetzung, des Nachdrucks, der Bildentnahme, der Funksendung, der Wiedergabe auf photomechanischem oder ähnlichem Wege, der Speicherung und Auswertung in Datenverarbeitungsanlagen, bleiben, auch bei Verwertung von Teilen des Werkes, dem Verlag vorbehalten.
Bei gewerblichen Zwecken dienender Vervielfältigung ist an den Verlag gemäß §54 UrhG eine Vergütung zu zahlen, deren Höhe mit dem Verlag zu vereinbaren ist.

© B. G. Teubner, Stuttgart 1985

Vorwort

Das Fach Statik dürfte wohl der Mehrzahl aller Architekten aus ihrer Studienzeit
als ein schwer zugängliches, abstraktes, mit viel Mathematik behaftetes Lehrgebiet
in Erinnerung sein. Die Plagerei mit Rechenschieber und Formelsammlung, Integralen
und Vektoren hat sicher so manchem die Freude an den Erkenntnissen von Technik und
Naturwissenschaften getrübt, wenn er überhaupt so weit kam, wesentliche Erkennt-
nisse aus diesem Fach zu gewinnen.

Zweifellos ist Statik ein schweres Fach, das sich durch Zuhören allein oder durch
oberflächliches Diskutieren nicht erlernen läßt und in dem sich die Schwächen und
Wissenslücken des Studenten eindeutig aufzeigen lassen. Hinzu kommt, daß es oftmals in sehr abstrakter Form und Stoffauswahl gelehrt wird, so daß der mehr auf
das Anschauliche gerichtete Architekturstudent übermäßige Mühe hat, zum Kern der
Probleme vorzudringen.

Um diese Schwierigkeiten zu verringern, haben wir uns von Anfang an bemüht, Statik
für Architekten dadurch anschaulich zu lehren, daß zusätzlich zu Diapositiven,
Umdrucken, Zeichnungen usw. in den Vorlesungen regelmäßig auch Anschauungsmodelle
verwendet werden, welche die in diesem Fach unvermeidbare Zahlenrechnung ergänzen.
So entstand eine umfangreiche Modellsammlung, die im folgenden in ihren wesent-
lichen Teilen dargestellt wird.

Aufbau der Modellsammlung

Die Anschauungsmodelle haben den Zweck, dem Studierenden die Erscheinungsform der
baustatischen Probleme möglichst klar vorzuführen, so daß das Erkennen dieser
Probleme erleichtert und das Verständnis ihrer abstrakten Formulierung und Lösung
gefördert wird. Sie unterscheiden sich also grundsätzlich von den Modellen der so-
genannten Modellstatik: Sie dienen ausschließlich dem Verständnis und nicht etwa
der Messung von Kräften oder Verformungen.

- 4 -

Die Statik als Teil der Mechanik ist die Lehre von den im Gleichgewicht stehenden
Kräften und ihren Wirkungen. Anschauungsmodelle müssen also in erster Linie die
Kraftwirkung verdeutlichen. Die Wirkung von Kräften besteht immer in Verformungen,
die jedoch sehr klein, oftmals für das Auge nicht wahrnehmbar sind. Die Modelle
werden also in der Lehre dann besonders wirksam sein, wenn sie die Verformungen
deutlich machen, so daß man an ihnen die Kraftwirkung erklären kann. Die meisten
der im folgenden gezeigten Modelle dienen ausschließlich diesem Zweck. Der Wahl
des Modellwerkstoffes kommt somit große Bedeutung zu: Er muß einerseits so weich
sein, daß gut sichtbare Verformungen auftreten, muß andererseits aber so elastisch
und steif bleiben, daß das Modell bei der Verformung seinen Charakter behält. Häu-
fig erforderten unerwünschte Nebenerscheinungen eine Reihe von Vorversuchen, bis
ein Werkstoff mit einer geeigneten Kombination von Eigenschaften gefunden war.
Besonders bewährt haben sich dünne Holzleisten, Schaumgummi, Federstahl und Folien
oder dünne Platten aus verschiedenen Kunststoffen.

Neben diesen weichen Modellen sind auch starre Modelle verwendbar, die als Anschau-
ungsmaterial für Konstruktionsausführungen, statische Systeme, Knotenpunkte usw.
dienen. An ihnen soll also nicht die Kraftwirkung, sondern die Lösung ausführungs-
technischer Probleme demonstriert werden. Sie sind einprägsamer als Bilder, können
aber auch durch Diapositive ersetzt werden, da der Effekt der Verformung, des
Spielens mit dem Modell, hier keine wesentliche Bedeutung hat.

Sämtliche Modelle wurden in einer kleinen Modellwerkstatt am Lehrstuhl für Statik
der Hochbaukonstruktionen selbst hergestellt. Ihre Größe ist so gewählt, daß sie
auf kleinen Rollwagen in den Hörsaal gefahren werden können und dort auch von den
hinteren Sitzreihen noch erkennbar sind. Die Idee entstand meistens bei der Vorbe-
reitung auf die Vorlesung, die Ausführung übernahmen handwerklich geschickte Studenten unter Leitung eines Lehrstuhl-Mitarbeiters.

Bis ein Modell die gewünschte Aussagekraft enthielt, waren oftmals mehrere Versuche
mit entsprechenden Anregungen und Diskussionen erforderlich. So haben alle Herren,
die in den vergangenen Jahren als Assistenten oder wissenschaftliche Mitarbeiter
am Lehrstuhl für Statik der Hochbaukonstruktionen tätig waren, am Aufbau der Sammlung in der einen oder anderen Weise mitgewirkt. In besonderem Maße haben sich die
folgenden Herren dafür eingesetzt: Dr.-Ing. Thode sorgte mit Engagement für die
Anfänge der Sammlung. Der größte Teil der Modelle entstand unter der Betreuung von
Dipl.-Ing. Mitscherlich, der mit viel Verständnis für die darzustellenden Zusammenhänge, mit großem handwerklichem Können und mit Geduld die Sammlung ausbaute. In
der Modellwerkstatt ist insbesondere die Mitwirkung der studentischen Mitarbeiter
J. Gärtner und K. H. Claus zu nennen.

Da der Materialbedarf gering war und oft von Firmen gespendet wurde, konnte die
Sammlung trotz der geringen Haushaltsmittel des Lehrstuhles in wenigen Jahren aus
eigenen Kräften auf einen befriedigenden Stand gebracht werden. Sie hat zur Zeit
einen Bestand von weit über hundert Einzelstücken, die ständig in Benutzung sind.

Erfahrungen mit Anschauungsmodellen
____

Seit 1967 werden die Anschauungsmodelle in der Tragwerkslehre kontinuierlich eingesetzt. Sie fehlen in nahezu keiner Vorlesung. Die Modelle entsprechen dem zu ver-
mittelnden Lehrstoff des Faches: In der Unterstufe 2 Semester Statik und Festigkeitslehre sowie 2 Semester Anwendung im Holz-, Mauerwerks-, Stahl-, Grund- und
Betonbau sowie einfache Konstruktionssysteme. In der Oberstufe Tragwerke und Sonder-
gebiete.

Grundsätzlich sind unsere Erfahrungen mit den Modellen so gut, daß eine Lehre ohne
sie nicht mehr vorstellbar ist. Das Interesse der Studenten wird durch die Demonstration geweckt, die statischen Probleme werden durch die Kraftwirkungen deutlich,
die abstrakten Formulierungen verständlicher, der Bezug zur Praxis augenscheinlich.
Die Perfektion der Ausführung der Modelle ist dabei unerheblich, entscheidend ist
lediglich das Erkennbarwerden der Kraftwirkungen.

Vielleicht mag man einwenden, die Modelle seien so primitiv, daß sich jeder Student
ihre Wirkung auch ohne sie vorstellen kann. Die Erfahrung zeigt das Gegenteil: Es
ist verblüffend zu beobachten, wie bei vielen Studenten plötzlich "der Groschen
fällt", wenn man nach mehreren vergeblichen theoretischen Erklärungen ein so primi-
tives Modell wie einen Schaumgummibalken zur Hand nimmt und an ihm die Kraftwirkung
als Verformung demonstriert.

Ein Nachteil sei jedoch nicht verschwiegen. Die größere Anschaulichkeit läßt das
Fach leichter erscheinen, als es tatsächlich ist. So entsteht gerade bei weniger
interessierten Studenten mitunter der Eindruck, Statik sei nur durch Zuschauen und
Zuhören zu lernen. Dieser Eindruck, verbunden mit der weitverbreiteten Ansicht, das
Wissen um statische Zusammenhänge sei bei einem Architekten ohnedies mehr oder weniger überflüssig, führt leicht zu einer geistigen Bequemlichkeit, die vergessen
läßt, daß jeder das Verständnis für statische Zusammenhänge letztlich nur für sich
allein erarbeiten kann. Erst das selbständige Lösen von Aufgaben zeigt, wie weit
man das Problem wirklich verstanden hat. Anschauungsmodelle können eine sehr gute
Starthilfe, aber auch nur eine Starthilfe für das Verständnis sein. Denn für jeden
einzelnen, der in die Zusammenhänge der Mechanik eindringen will, gilt nach wie
vor der Grundsatz: Nachdenken und Üben!

Vorwiegendes Ziel einer jeden Lehre muß es sein, den Studierenden an die Probleme des Faches heranzuführen und ihm deren Zusammenhänge und Lösungsmöglichkeiten aufzuzeigen. In einem technisch-naturwissenschaftlichen Fach, wie es die Statik ist, sind Zahlen und mathematische Formeln für den Eingeweihten die klarste und eindeutigste Darstellungsform. Man sollte deshalb in der Lehre nicht auf sie verzichten, auch wenn sie dem Studenten anfangs Schwierigkeiten bereiten. Der Einsatz von Anschauungsmodellen sollte daher die zahlenmäßige Behandlung der statischen Aufgaben keinesfalls ersetzen, vielmehr ergänzen und den Lernerfolg gerade in dem Bereich der Statik vergrößern, der für den Architekten vorwiegend von Interesse ist: das qualitative Verständnis der statischen Probleme und Zusammenhänge.

Darstellung der Modelle

Die folgende Zusammenstellung ist als Anregung zur Nachahmung gedacht. Die Bilder werden jeweils ergänzt durch eine knappe Beschreibung der Modelle und eine kurze Darstellung, für welche Demonstrationen und in welchen Lehrbereichen sie eingesetzt werden. Einige Handskizzen sollen zeigen, welchen mechanischen Zusammenhang die Modelle darstellen und wie sie anschaulich eingesetzt werden können.

Darmstadt, im März 1985   Walther Mann

Literatur:

[1]   Mann, W.: Anschauungsmodelle - Hilfsmittel moderner Statiklehre für
          Architekten. DBZ 1973, Seite 1557.
[2]   Mann, W.: Die Anwendung der technischen Biegelehre auf Scheiben und Schalen.
          Der Bauingenieur 1972, Seite 164.
[3]   Mann, W.: Statisch-konstruktive Überlegungen beim Entwerfen von Hochbauten.
          DBZ 1971, Seite 965.
[4]   Mann, W. und Müller, H.: Schubtragfähigkeit von Mauerwerk. Mauerwerk-
          Kalender 1976, Seite 35, und Mauerwerk-Kalender 1985, Seite 95.
[5]   Mann, W.: Erdbebenbeanspruchung von Tragwerken. Betonwerk + Fertigteil-
          technik 1982, Seite 9.
[6]   Mann, W.: Kippnachweis und Kippaussteifung von schlanken Stahlbeton- und
          Spannbetonträgern. Beton- und Stahlbetonbau 1976, Seite 37.

Fotos: G. Cromen, D. Thode

Inhalt

III ANSCHAUUNGSMODELLE
VORWIEGEND FÜR TRAGWERKE UND KONSTRUKTIONEN

I Anschauungsmodelle
vorwiegend für
Statik + Festigkeitslehre

Modell 1: SEILZIEHEN — ACTIO = REACTIO

<u>Beschreibung:</u> Seil mit beidseits eingehängten Federwaagen

<u>Demonstration:</u> Gleichgewicht herrscht nur bei actio = reactio, erkennbar an dem gleichen Dehnweg der beiden Federwaagen. Grundprinzip der Statik. Andernfalls Beschleunigung des Seiles gemäß K = m · b (Dynamik). Anwendung bei sämtlichen statischen Problemen.

<u>Lehrbereich:</u> Statik

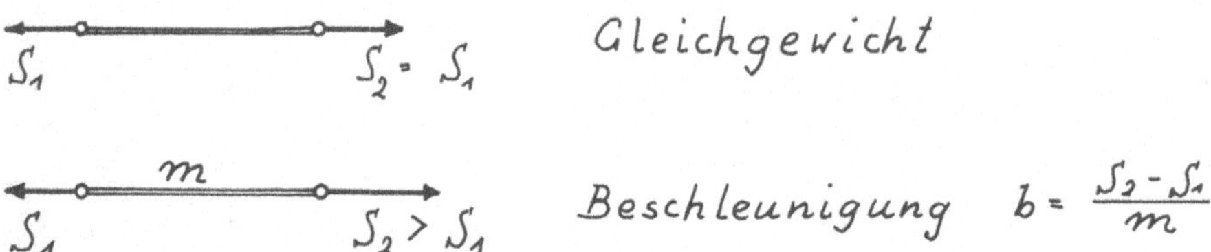

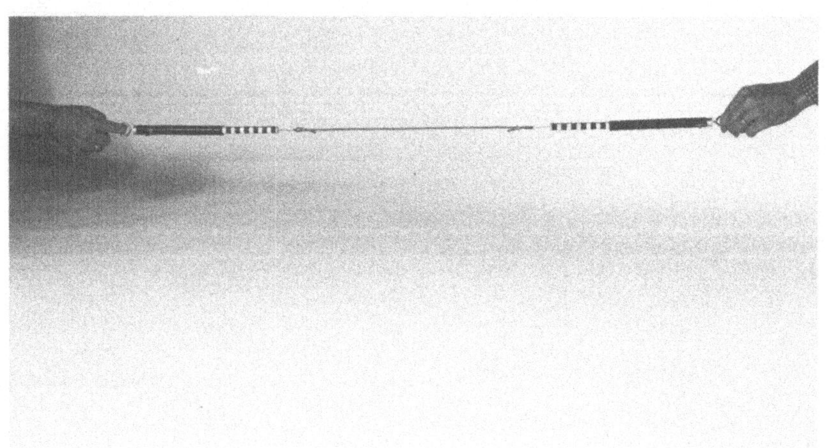

<u>Modell 2:</u>   KRAFT = MASSE x BESCHLEUNIGUNG

<u>Beschreibung:</u> Ein Brett trägt über je eine Feder 3 Körper unterschiedlicher Masse.

<u>Demonstration:</u> Das Brett wird horizontal gezogen. Seine Beschleunigung überträgt sich über die Federn auf die 3 unterschiedlichen Massen und erzeugt unterschiedliche Kräfte und unterschiedliche Reaktionen: Gesetz von Newton: K = m·b. Erkennbar an der Auslenkung der federnd gelagerten Körper. Konsequenzen für Bauwerke in Erdbebengebieten: Große Massen erzeugen bei Erdbebenbeschleunigung große Kräfte, vorwiegend in horizontaler Richtung. Siehe auch Modell 126. Anwendung bei allen Problemen der Dynamik.

<u>Lehrbereich:</u> Mechanik; Tragwerkslehre

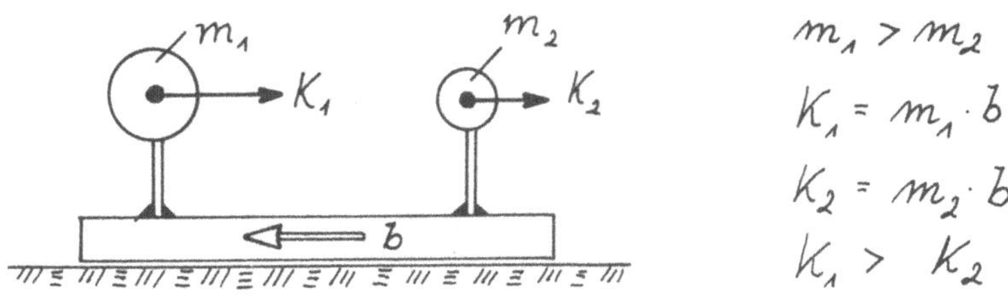

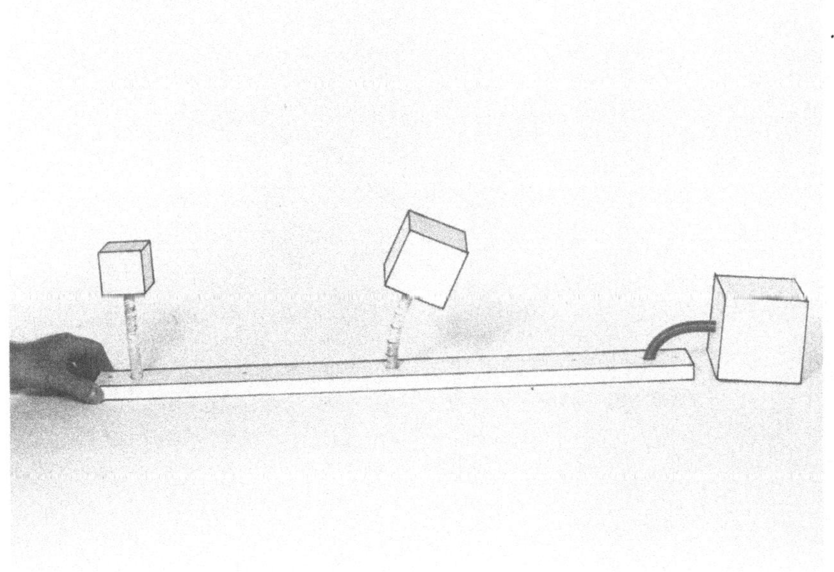

Modell 3: PARALLELOGRAMM DER KRÄFTE — KRAFTECK

<u>Beschreibung:</u> 3 Federwagen zwischen 2 Aufhängungen, durch angehängtes Gewicht belastet.

<u>Demonstration:</u> Die angreifende Kraft wird in 2 Richtungen zerlegt: Der Dehnweg der Federwaagen gibt die Größe der Kräfte an. Graphische Darstellung im Parallelogramm der Kräfte oder im Krafteck. Gleichgewicht: Krafteck geschlossen. Anwendung bei allen Problemen der Statik.

<u>Lehrbereich:</u> Statik

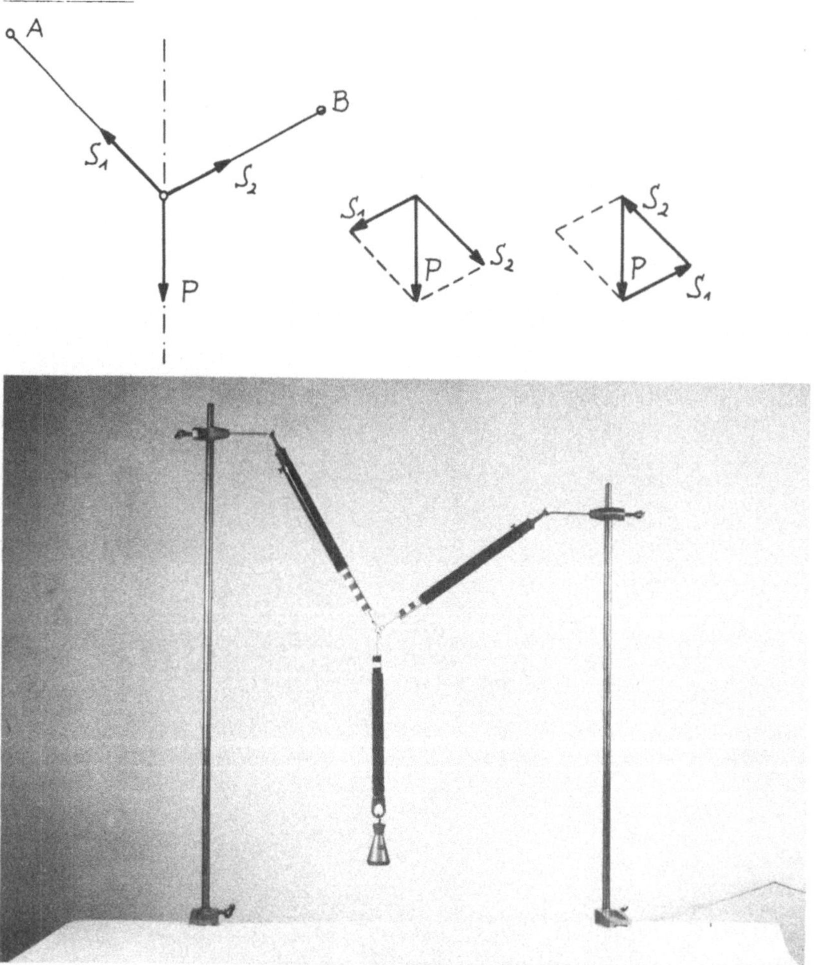

Modell 4: SEILECK — GLEICHGEWICHTSLAGE

Beschreibung: Seil über 2 Rollen geführt, mit 3 Gewichten belastet.

Anwendung: Die Gewichte an den Seilenden bestimmen die Seilkräfte in den beiden
Seilteilen. Das System stellt sich stets so ein, daß sich das Krafteck schließt.
Verformt man das Seileck mit der Hand durch eine Festhaltekraft F, so wird das
Gleichgewicht ohne F gestört: Die resultierende Kraft beschleunigt das System und
führt es wieder in eine Gleichgewichtslage.

Lehrbereich: Statik

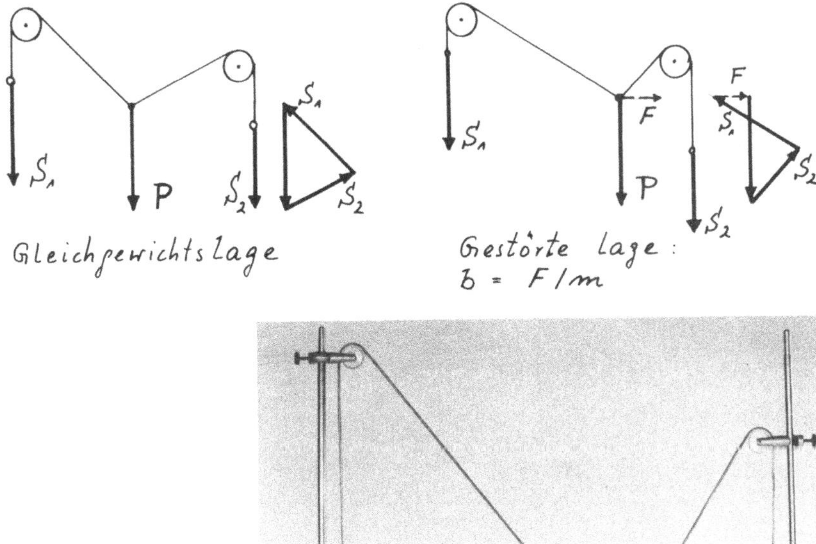

Modell 5: AFFEN-SCHAUKEL

<u>Beschreibung:</u> Mit Affen-Sitz belastete Rolle an einem Seil, beidseits gehalten.

<u>Demonstration:</u> Je nach Lage der Seil-Endpunkte rollt der Affensitz stets in eine ganz bestimmte Position: Aus $\sum H = 0$ für die Rolle folgt gleiche Neigung der beiden Seilstücke. Parallelogramm der Kräfte bzw. Krafteck ergibt Gleichgewichtslage.

<u>Lehrbereich:</u> Statik

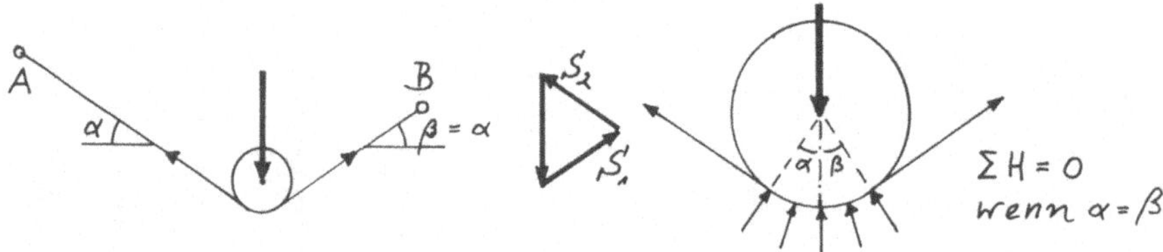

Modell 6: HÄNGESEIL — KRAFTWIRKUNGSLINIE

Beschreibung: Seil mit Ösen zur Lastaufbringung, an Federwaage hängend, Gewichte.

Demonstration: Wirkungslinie der Kräfte; actio = reactio; Kräfte können ohne Änderung des Gleichgewichtes längs der Wirkungslinie (nicht quer dazu!) verschoben werden; N-Fläche als graphische Darstellung der Schnittkraft

Lehrbereich: Statik

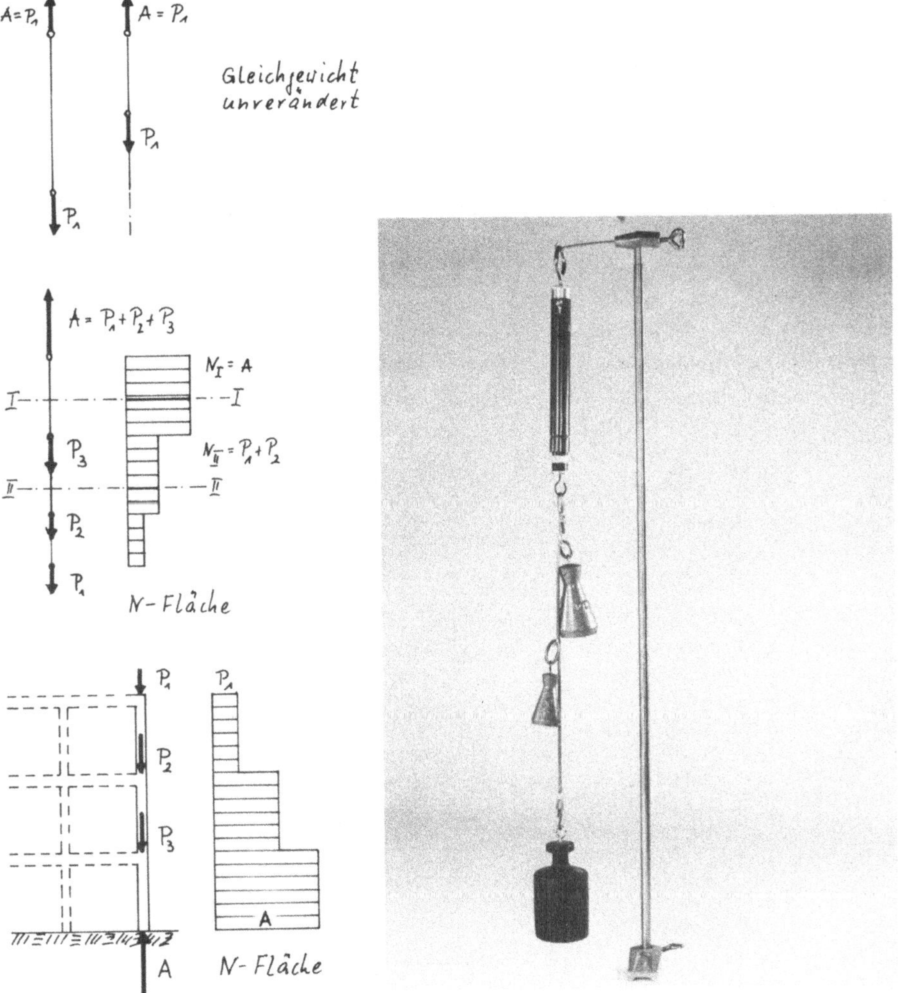

Modell 7: ZÜNDKERZENSCHLÜSSEL — DREHMOMENT

<u>Beschreibung:</u> Über 4 Federn gelagerte Platte trägt Zylinderkopf mit Zündkerze. Plattenform auf Unterlage farbig markiert.

<u>Demonstration:</u> Zweiarmiger Schlüssel erzeugt Kräftepaar. Im Drehpunkt D wirkt Moment; Lagerkraft = O: Platte verdreht sich. Einarmiger Schlüssel erzeugt Moment einer Kraft. Im Drehpunkt D wirkt Moment und Lagerkraft: Platte verdreht und verschiebt sich, an Markierung der Unterlage erkennbar.

<u>Lehrbereich:</u> Statik, Tragwerkslehre

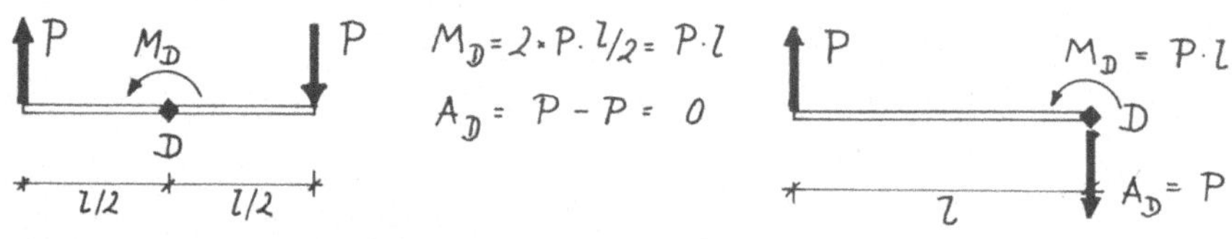

<u>Modell 8 und 9</u>: DREHMOMENTEN-SCHLÜSSEL

<u>Beschreibung</u>: Eiserne Stange als Schraubenschlüssel, darunter unbelastete Stange
mit Skala

<u>Demonstration</u>: Die das Drehmoment erzeugende Kraft verbiegt die Stange des Schrau-
benschlüssels; Verformung an Skala ablesbar. Eichung der Skala über M = P · e.
Darunter: Handelsüblicher Drehmomenten-Schlüssel.

<u>Anwendung</u>: Zur genauen Einleitung von definierten Momenten, z. B. Anziehen von
Schrauben in Stahl- und Spannbetonbau.

<u>Lehrbereich</u>: Statik; Stahlbau; Spannbeton-Verankerung

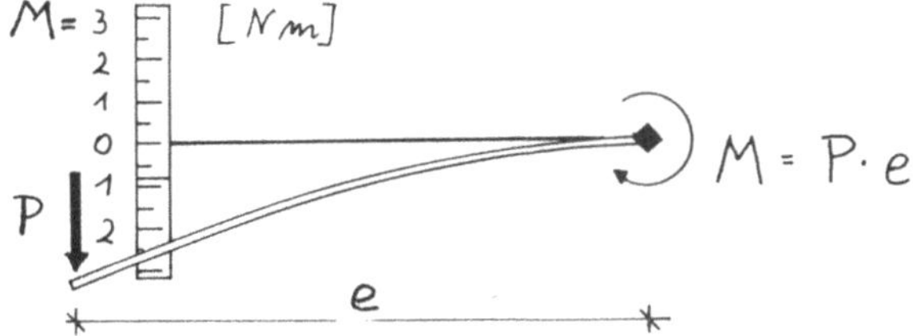

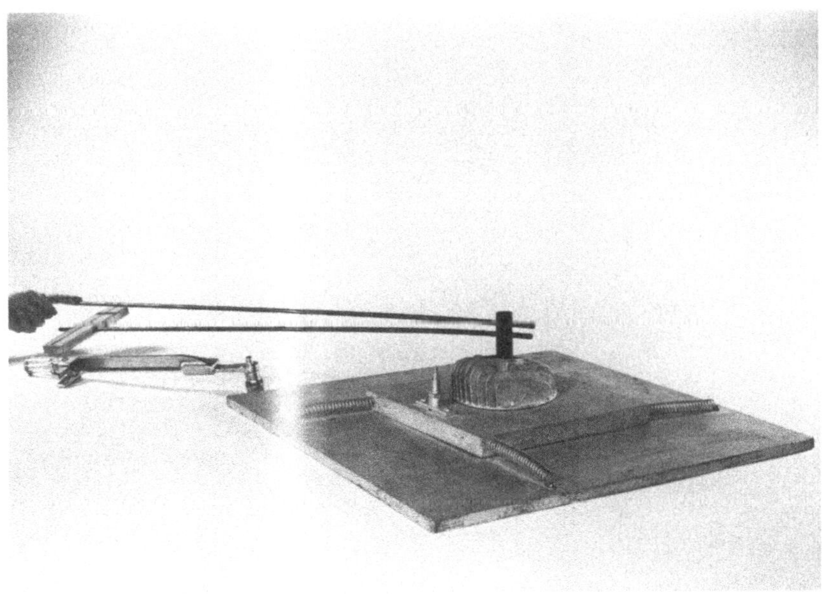

Modell 10: SCHUBKARREN — AUFLAGERKRÄFTE

<u>Beschreibung:</u> Holzbrett auf Rolle bzw. Federwaage gelagert, Gewicht als Belastung.

<u>Demonstration:</u> Lagerkräfte; bei verschiedenen Positionen des Gewichtes unterschied-
liche Lagerkräfte, am Dehnweg der Federwaage erkennbar; Bestimmung der Kräfte über
Gleichgewichtsbedingungen.

<u>Lehrbereich:</u> Statik

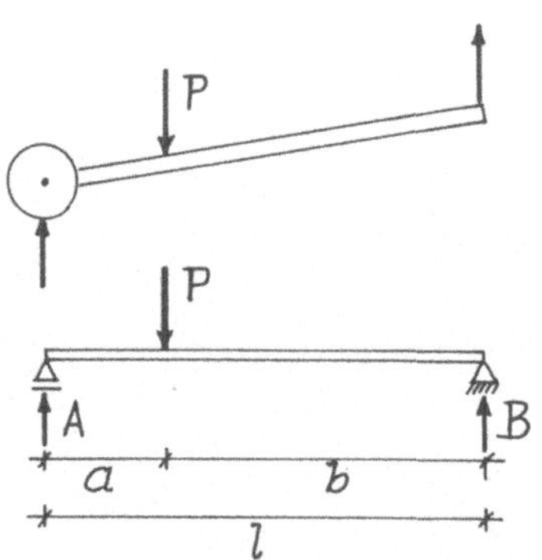

$$\sum M_A = 0 : \quad B = P \cdot \frac{a}{l}$$
$$\sum M_B = 0 : \quad A = P \cdot \frac{b}{l}$$
$$\sum V = 0 : \quad A + B = P$$

<u>Modell 11:</u>   DREHMOMENT AUF EINFELDTRÄGER

<u>Beschreibung:</u> Holzbalken, beidseits über Gummischnüre gelagert, vor Holzscheibe.

<u>Demonstration:</u> Drehmoment wird als horizontal gerichtetes Kräftepaar in Balkenmitte aufgebracht; Reaktion als vertikal gerichtetes Kräftepaar in den Auflagern, erkennbar an Verformung der Gummischnüre. Anwendung z. B. Windlast auf Reklameschild oder Wasserdruck auf Behälterwand.

<u>Lehrbereich:</u> Statik

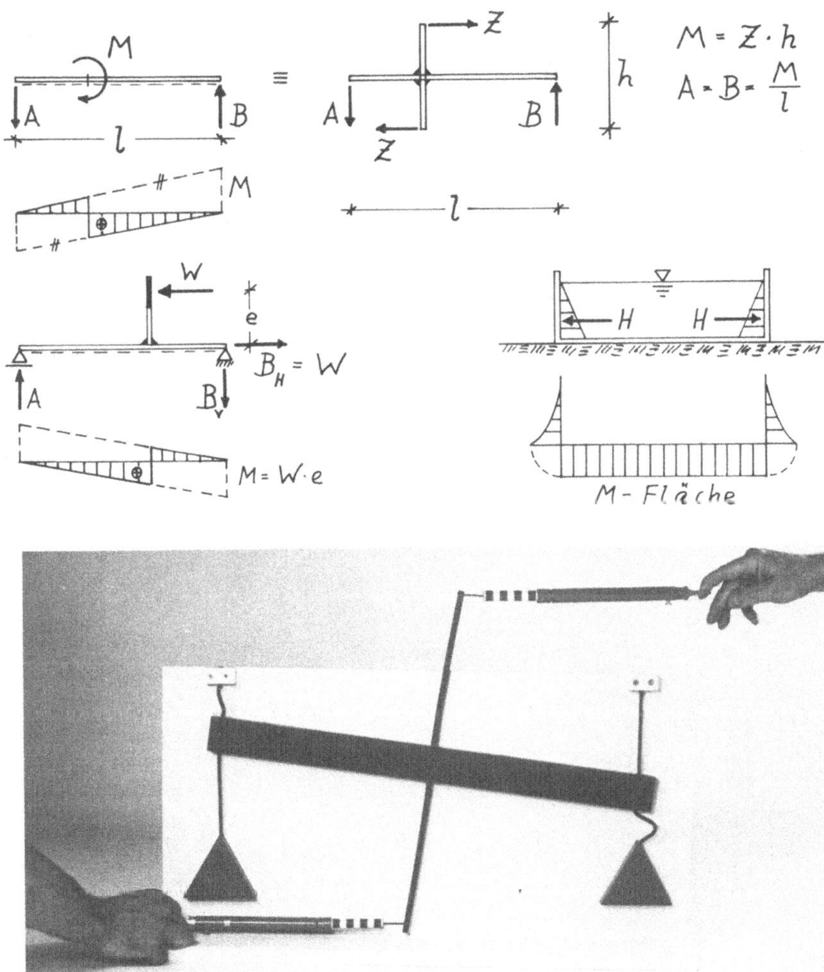

<u>Modell 12:</u> SCHNITTKRÄFTE IM BALKEN

<u>Beschreibung:</u> Holzbalken mit zu öffnenden parallelen Scharnieren und diagonalen Haken.

<u>Demonstration:</u> Die inneren Kräfte eines Balkens, die Schnittkräfte, stellen besondere begriffliche Schwierigkeiten dar. Aufnahme der Querkraft Q, der Längs- oder Normalkraft N, des Biegemomentes M über die 3 Stäbe. Versagensart beim Öffnen der jeweiligen Stäbe. Anwendung beim Schnittprinzip.

<u>Lehrbereich:</u> Statik

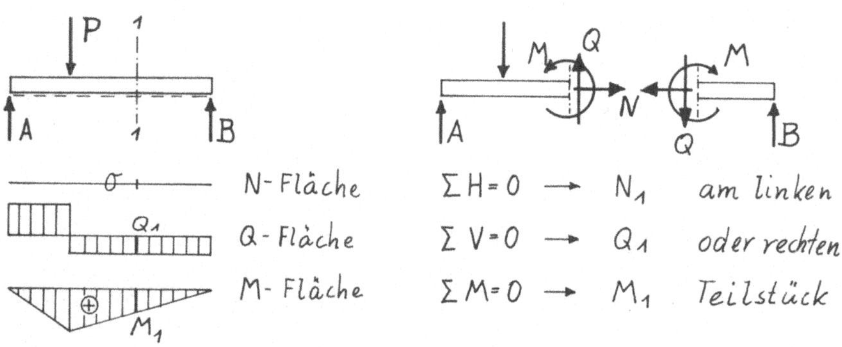

Modell 13: QUERKRAFT-BALKEN

<u>Beschreibung:</u> Holzbalken als Kragarm; im Schnitt getrennt und über Nut und Splint
zu verbinden.

<u>Demonstration:</u> Querkraftwirkung aus Gründen des Gleichgewichtes $\Sigma V = 0$. Wird Splint
entfernt, kann Querkraft nicht aufgenommen werden: Das Kragarmende rutscht ab.

<u>Lehrbereich:</u> Statik

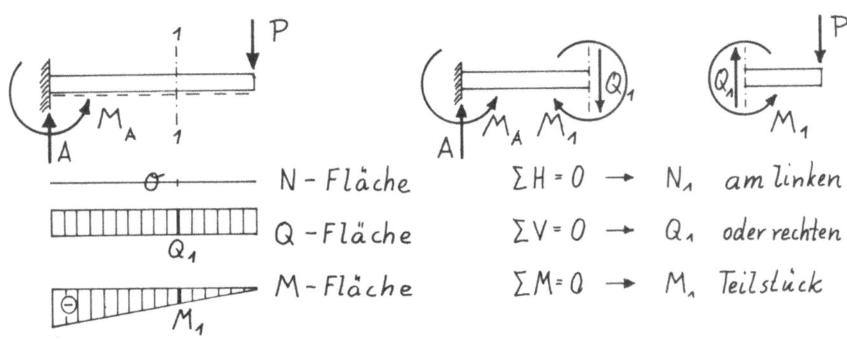

<u>Modell 14:</u> SCHWERPUNKT UND SCHWERELINIE

<u>Beschreibung:</u> Beliebig geformte Holzplatte

<u>Demonstration:</u> Schwerpunkt = Schnittpunkt der Schwerelinien oder Unterstützungspunkt so, daß Gleichgewicht herrscht. Schwerelinien = Linie des Lotes durch Aufhängepunkt oder Unterstützungslinie so, daß Gleichgewicht herrscht.

<u>Lehrbereich:</u> Statik + Festigkeitslehre

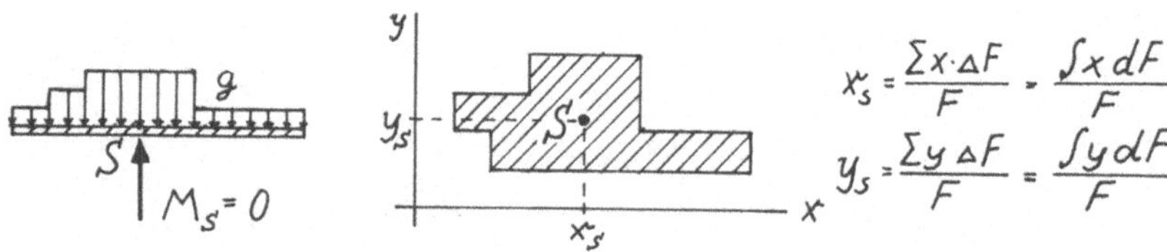

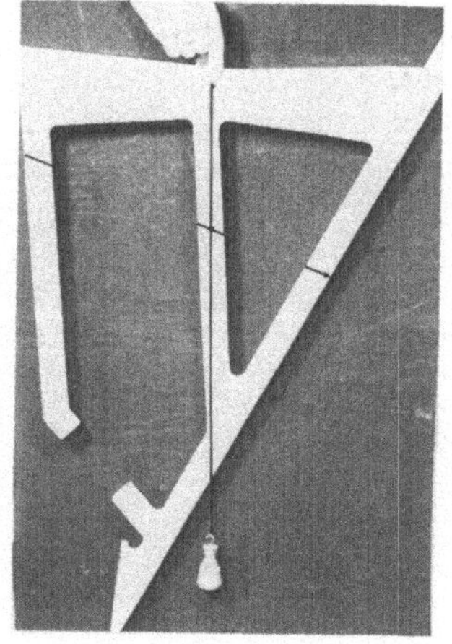

<u>Modell 15:</u> SPANNUNG ZENTRISCH UND EXZENTRISCH

<u>Beschreibung:</u> Schaumgummiwürfel mit lastverteilender Platte und Gewicht.

<u>Demonstration:</u> Gewicht im Schwerpunkt der Lastfläche: Gleichmäßige Belastung aller Fasern = konstante Spannung $\sigma = \dfrac{N}{F}$; Gewicht exzentrisch: ungleichmäßige Beanspruchung der Fasern, an Verformung erkennbar: $\sigma = \dfrac{N}{F} \pm \dfrac{M}{W}$ mit M = N·e. Bei größerer Exzentrizität klaffende Fuge erkennbar.

<u>Anwendung:</u> Festigkeitslehre; Grundbau; Mauerwerksbau

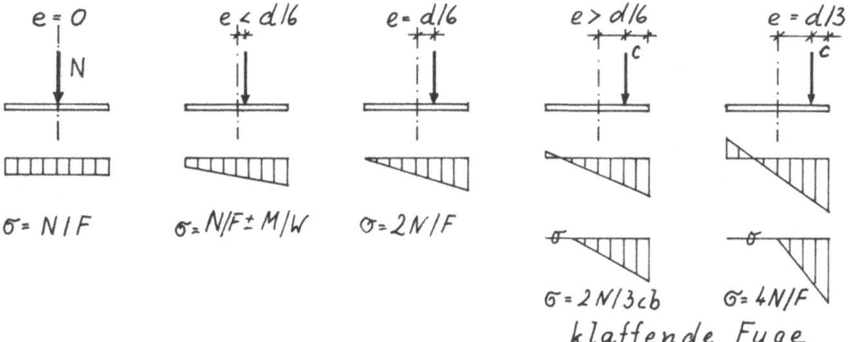

Modell 16: QUERDEHNUNG

Beschreibung: Schraubzwinge mit Gummikörper

Demonstration: Beim Anziehen der Schraubzwinge Verkürzung des Körpers in Kraft-
richtung, gleichzeitig Dehnung in Querrichtung.

Anwendung: Steigerung der Festigkeit durch Behinderung der Querdehnung, z. B. bei
bewehrten Gummilagern, Neotopf-Lagern, spiralbewehrten Säulen; Verhältnis Würfel-
zu Prismenfestigkeit.

Lehrbereich: Festigkeitslehre; Konstruktionen; Stahlbeton

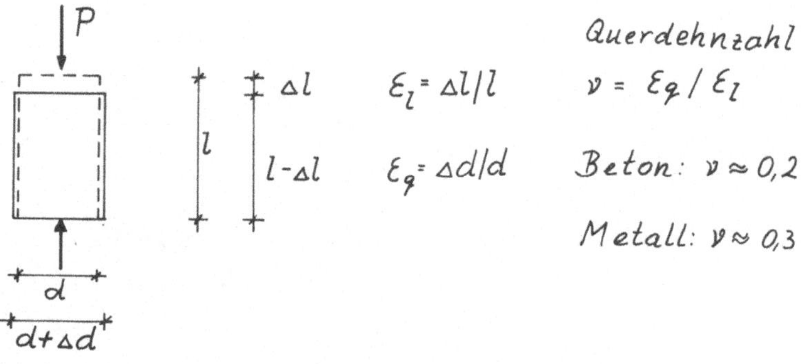

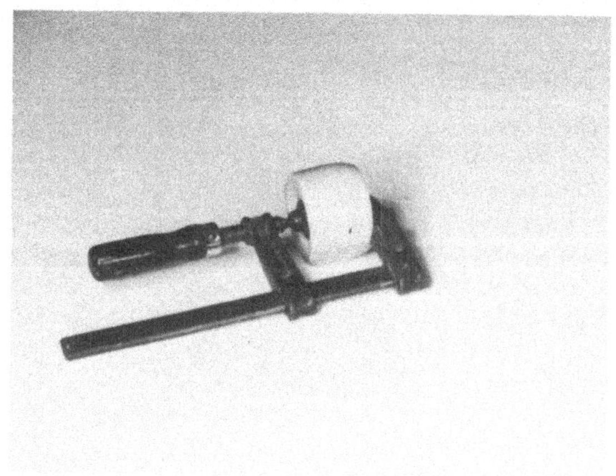

<u>Modelle 17 und 18:</u>   BIEGEBALKEN

<u>Beschreibung:</u> Schaumgummi-Balken mit aufgemaltem Rechteck-Raster als Einfeld-Balken und als Kragarm.

<u>Demonstration:</u> Unter Biegebeanspruchung verzerren sich die Rechtecke des Rasters zu Trapezen, wobei die Querschnitte eben und rechtwinklig zur Schwerachse bleiben: Hypothese von Bernoulli. Für elastische Materialien (Hooke: Dehnung proportional zur Spannung) gilt lineare Spannungsverteilung. Einfeldbalken: Obere Faser Druck, unten Zug: Positives Moment. Kragarm: Obere Faser Zug, unten Druck: Negatives Moment. Krümmung der Biegelinie und M-Flächen.

<u>Lehrbereich:</u> Statik: Technische Biegelehre.

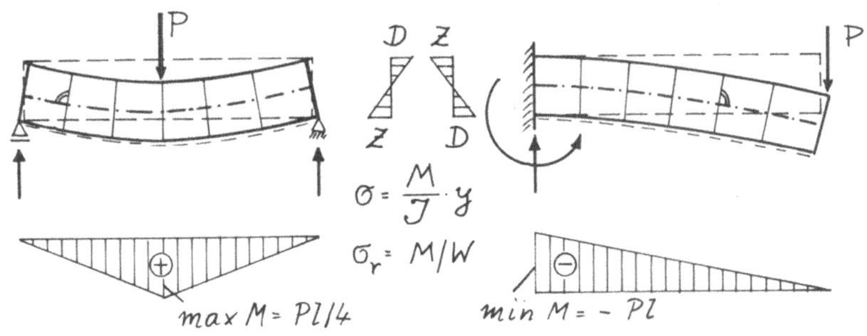

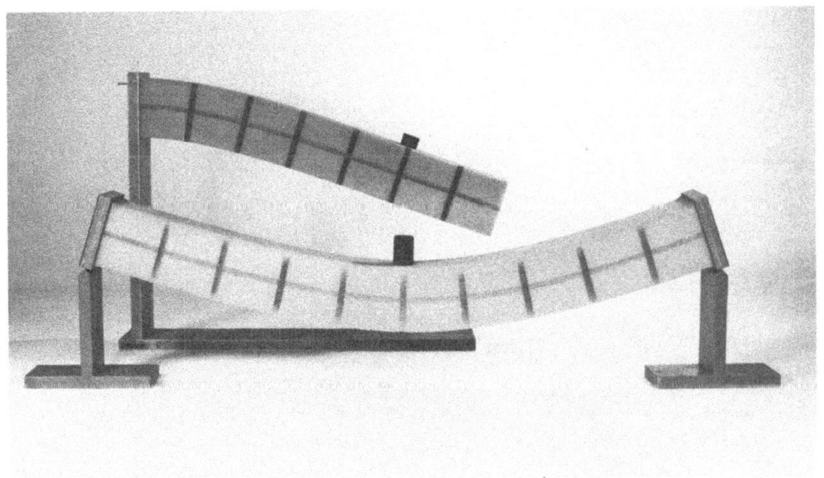

<u>Modell 19</u>:   SPANNUNGSOPTIK

<u>Beschreibung</u>: Verschiedene Kunststoff-Modelle mit Belastungseinrichtung in spannungsoptischer Anlage

<u>Demonstration</u>: Unter Belastung zeigen die Modelle typische Farbringe, aus denen die Spannungen errechnet werden können. Darstellung der inneren Beanspruchung eines Körpers.

<u>Anwendung</u>: Modellstatische Spannungsermittlung für komplizierte Tragwerksformen. Weitgehend überholt durch Berechnung mit finiten Elementen.

<u>Lehrbereich</u>: Statik + Festigkeitslehre; Tragwerkslehre

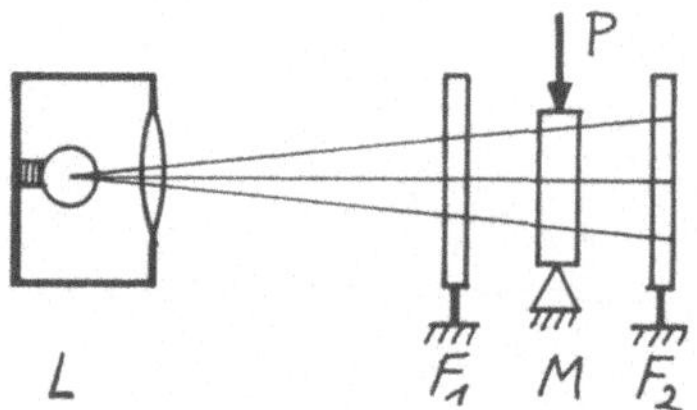

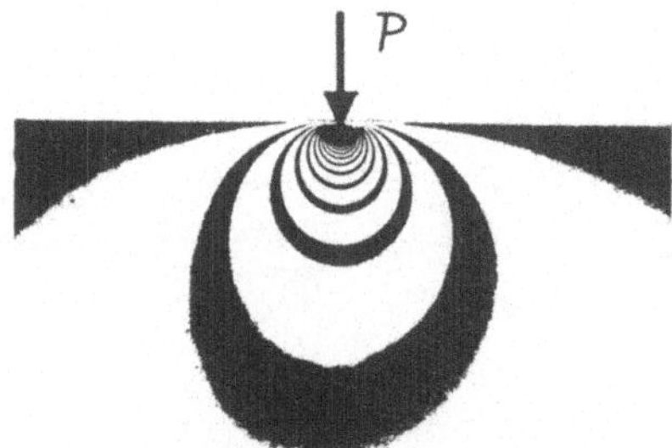

Isochromaten (Farbringe) unter P

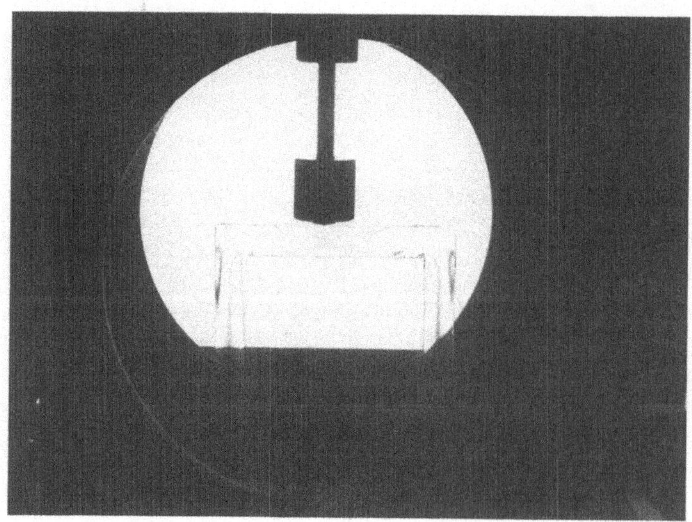

Modell 20: DÜBELBALKEN — SCHUBSPANNUNGEN

Beschreibung: 3 aufeinandergeschichtete dünne Holzleisten, an den beiden Enden durch Flügelschrauben zu verklemmen. Belastung durch Zimmermann.

Demonstration: Bei geklemmter Flügelschraube Wirkung wie ein einziger Querschnitt: unter Belastung geringe Durchbiegung. Öffnen der Flügelschrauben: Durchbiegung vergrößert, da wegen fehlender Dübelwirkung gegenseitiges Verschieben und 3 Teilquerschnitte. Dübelwirkung aus horizontalen Schubspannungen.

Lehrbereich: Festigkeitslehre

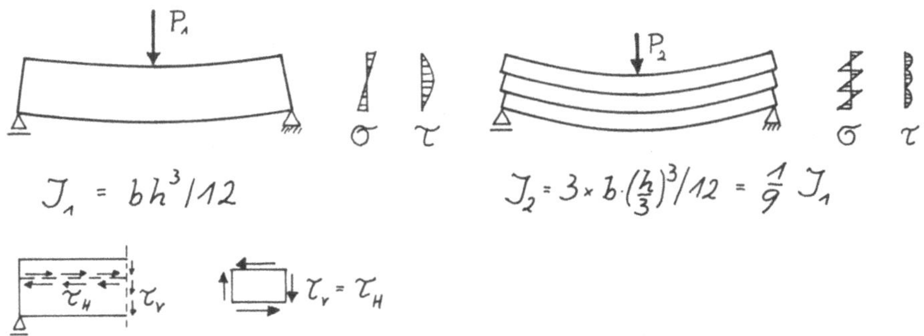

Modell 21: SCHIEFE HAUPTSPANNUNGEN

Beschreibung: Gelenk-Viereck aus Holzlatten, diagonal einzuhängende Federwaagen.

Demonstration: Eine horizontal wirkende Schubkraft T verformt das quadratische Element zum Rhombus. Gleichzeitig zeigen die diagonal angeordneten Federwaagen durch ihren Dehnweg in einer Diagonalrichtung Druck, in der anderen Richtung Zug. Schubspannungen τ erzeugen also in schrägen Schnitten Normalspannungen σ und umgekehrt. In ausgezeichneten Schnitten werden diese Spannungen maximal: schiefe Hauptspannungen σ_I und σ_{II}.

Lehrbereich: Festigkeitslehre; Flächentragwerke

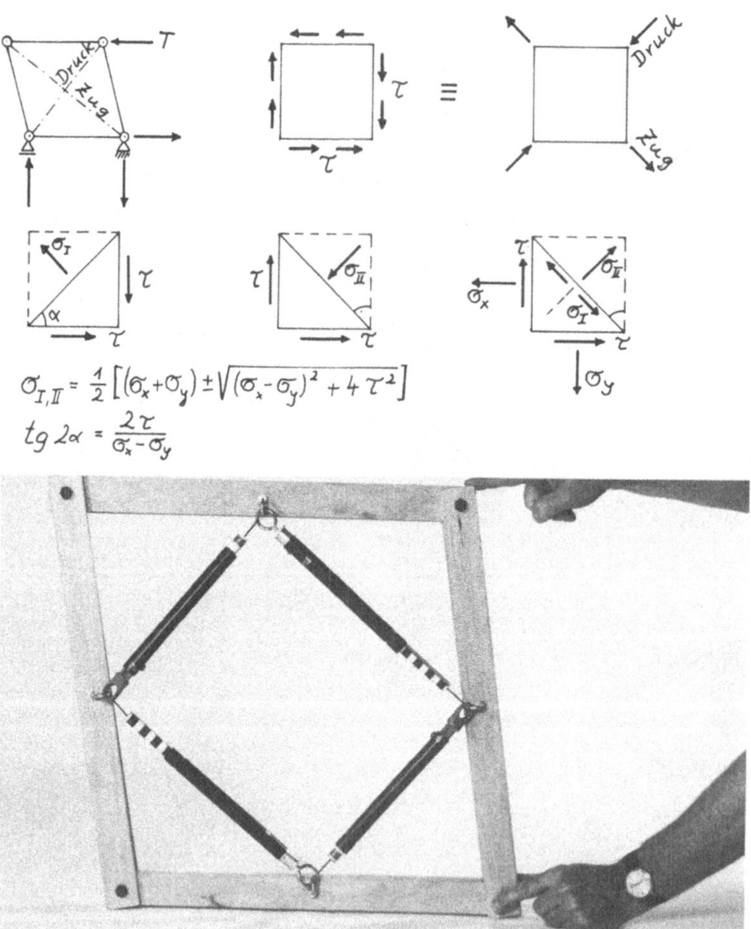

$$\sigma_{I,II} = \frac{1}{2}\left[(\sigma_x + \sigma_y) \pm \sqrt{(\sigma_x - \sigma_y)^2 + 4\tau^2}\right]$$

$$tg\,2\alpha = \frac{2\tau}{\sigma_x - \sigma_y}$$

Modell 22: KNICKSTAB

<u>Beschreibung:</u> Holzleiste vor einem Brett mit Markierung, am Fußpunkt eingespannt, oben frei. Am oberen Rand Last über Querstab pendelnd aufhängbar.

<u>Demonstration:</u> Der vorerst unbelastete Stab wird oben horizontal ausgelenkt. Läßt man ihn los, federt er infolge seiner Biegesteifigkeit in die Ausgangslage zurück. Der oben belastete Stab hingegen federt schwerer und langsamer zurück, da dem inneren Moment $-EJ \cdot w''$ aus der Stabkrümmung ein äußeres Moment $P \cdot w$ entgegenwirkt. Steigert man P zur Knicklast P_k, richtet sich der Stab nicht mehr auf, da $P_k \cdot w = -EJw''$. Knicklast für den ideal geraden Stab = Eulerlast P_E. Abhängig von Biegesteifigkeit EJ und Knicklänge s_k. Siehe Modell 24. Anwendung: bei allen gedrückten Stäben.

<u>Lehrbereich:</u> Statik

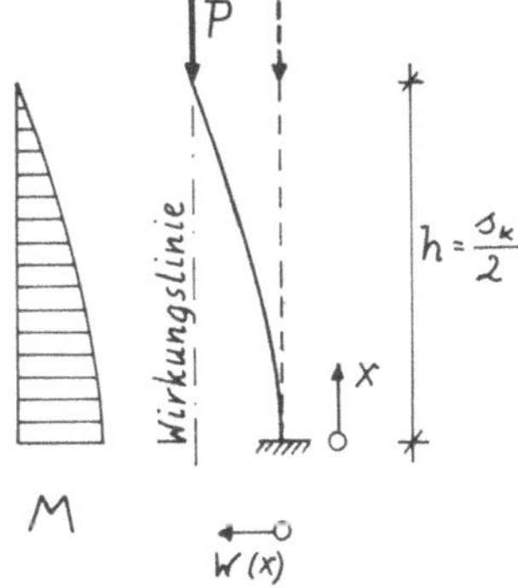

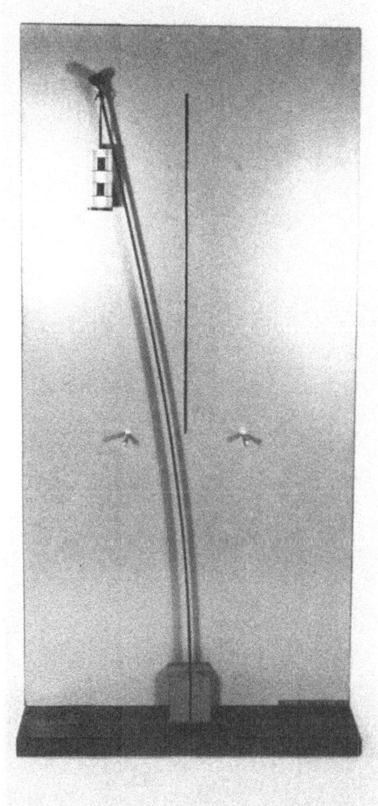

$$M_i = -EJw''$$
$$M_a = P \cdot w$$

$M_i > M_a:$ stabil
$M_i < M_a:$ Versagen
$M_i = M_a:$ Knicklast P_k

ideal gerader Stab:

$$P_k = P_E = \frac{\pi^2 EJ}{s_k^2} \quad (Euler\text{-}Last)$$

<u>Modell 23:</u> KNICKVERSUCH

<u>Beschreibung:</u> Glasstab, von oben über Behälter mit Bleikugeln kontinuierlich belastbar bis zum Bruch.

<u>Demonstration:</u> "Unangekündigter" Bruch des Stabes durch Knicken; deshalb besondere Gefahr; kurz vor dem Bruch leichte seitliche Auslenkung f_2 des Stabes infolge ungewollter Ausmitten f_1, nur schwach erkennbar. Sehr eindrucksvolle Demonstration der Gefahr des Knickens durch den plötzlichen Bruch.

<u>Lehrbereich:</u> Statik: Knicken; Tragwerkslehre

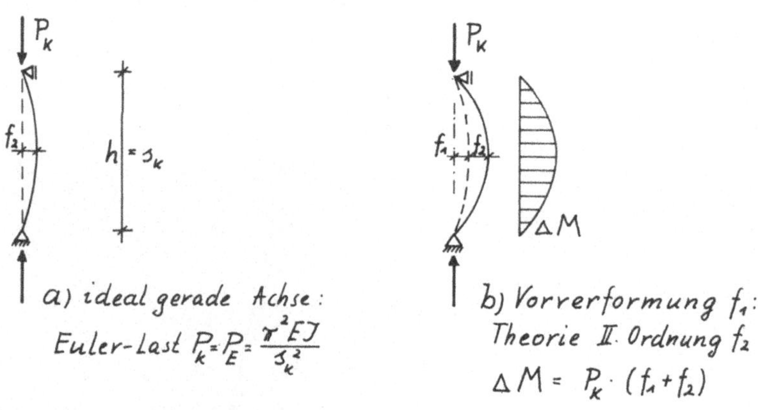

Modell 24: KNICKFIGUREN — EULERFÄLLE

<u>Beschreibung:</u> Vier Holzleisten vor Holztafel, mit teils freiem, teils gelenkig gelagertem und teils eingespanntem Rand. Gewichte.

<u>Demonstration:</u> Die Traglast wird stark durch die Randbedingungen des Stabes beeinflußt. Dargestellt sind die 4 Eulerfälle. Durch Bezug auf Eulerfall 2 (beidseits gelenkige Lagerung) ergibt sich die Knicklänge s_k als Abstand der Wendepunkte der Knickbiegelinie. Bei Rahmenstielen oft $s_k > h$. Besonders gefährlich, falls nicht erkannt: Eulerfall 1: $s_k = 2\,h$; $P_{k1} = \frac{1}{4} \cdot P_{k2}$. Anwendung: Alle Konstruktionen unter Druckbelastung.

<u>Lehrbereich:</u> Statik; Tragwerkslehre.

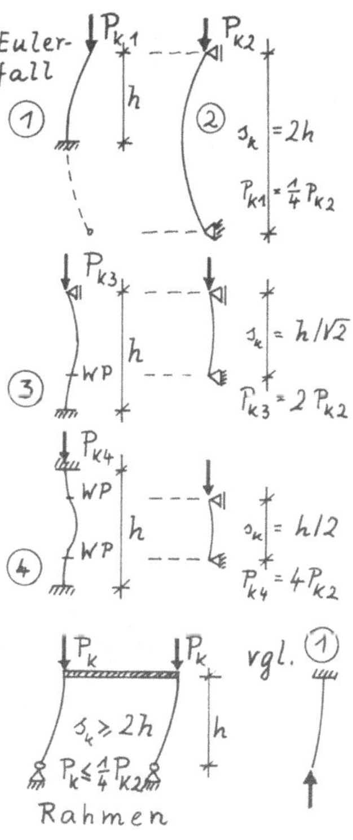

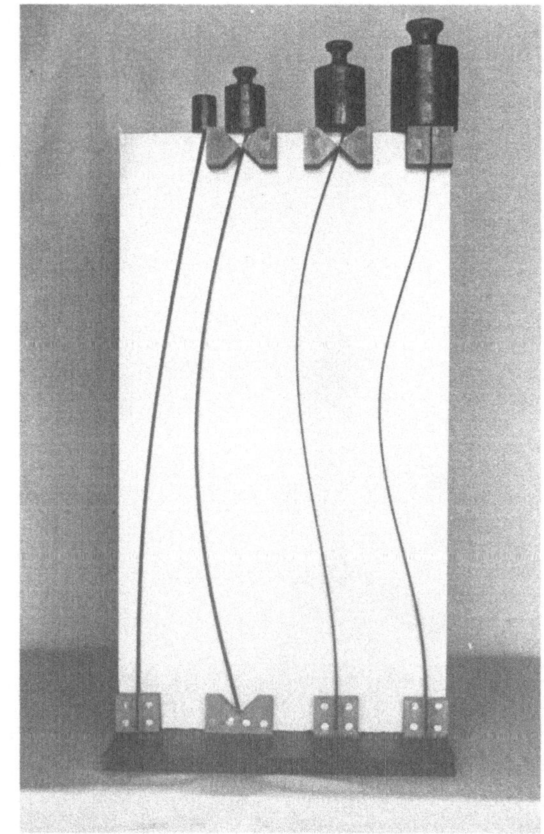

<u>Modell 25:</u>   KNICKEN MEHRTEILIGER DRUCKSTÄBE

<u>Beschreibung:</u> Holzlatten als zweiteilige Druckstäbe mit Querverbänden in halber Höhe bzw. in den Drittelspunkten vor Holzscheibe. Oben belastbar.

<u>Demonstration:</u> Knickfiguren; Querverband in halber Höhe ist wirkungslos, da Knickverformung nicht behindert und Knicklänge nicht verringert wird. Tragfähigkeit bei Querverband in Drittelspunkten wesentlich größer.

<u>Lehrbereich:</u> Statik: Stabilitätstheorie; Stahlbau; Holzbau, TWL

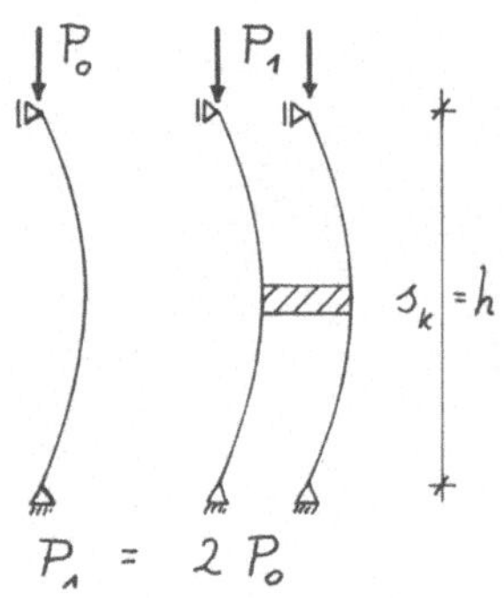

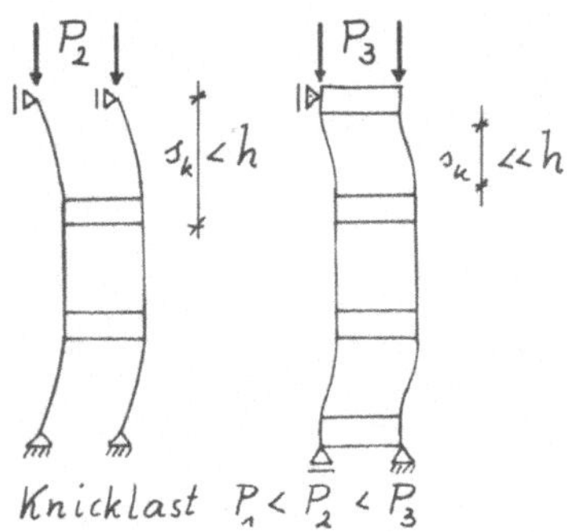

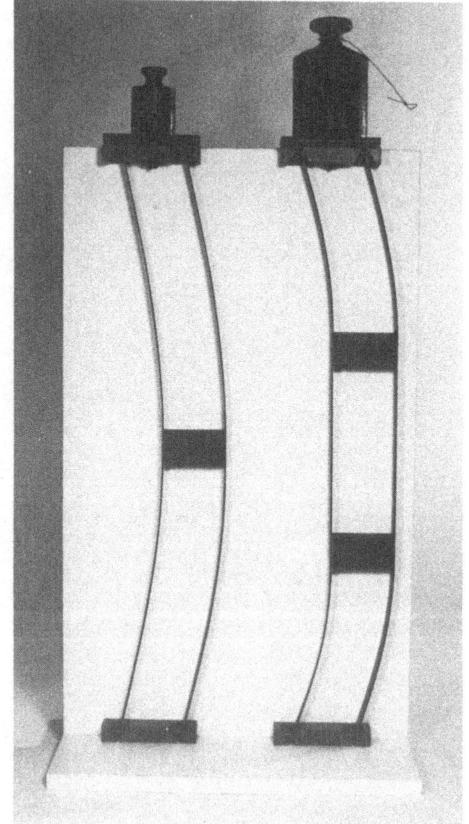

<u>Modell 26:</u>   KNICKEN VON STÜTZENKETTEN

<u>Beschreibung:</u> Gelenkig gelagerte Holzlatten, mit Scharnieren verbunden, vor Holz-
brett; erste Stütze mit Federwaage ausgesteift, alle Stützen leicht geneigt als
ungewollte Schrägstellung.

<u>Demonstration:</u> Belastung der ausgesteiften Stütze P_1 verursacht Festhaltekraft in
der Federwaage wegen Schrägstellung der Stütze. Zusätzliche Belastung der anderen
Stützen P_2 erzeugt zusätzliche Festhaltekräfte in der Federwaage, erkennbar an Aus-
lenkung. Die Knicklast P_1 der aussteifenden Stütze wird durch P_2 wesentlich reduziert, da diese Lasten die aussteifende Stüze zusätzlich mit H beanspruchen.
Anwendung: z. B. Hallen, insbesondere Fertigteilkonstruktionen.

<u>Lehrbereich:</u> Statik: Stabilitätstheorie; Tragwerkslehre.

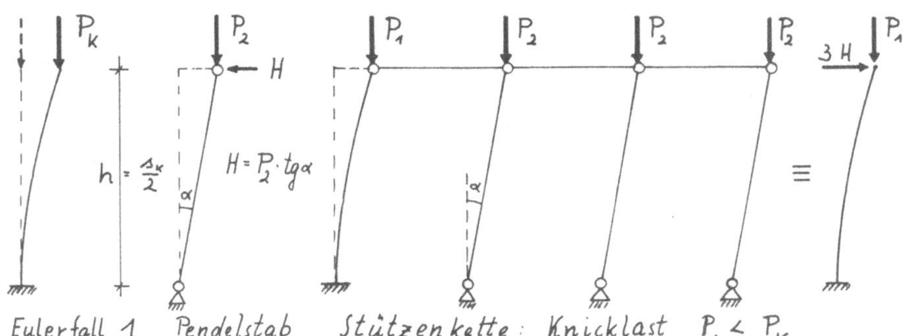

Modell 27:   KIPPEN VON TRÄGERN

Beschreibung: Schlanker Holzstab mit Lastaufhängung am Untergurt in Feldmitte; Gabel-Lagerung auf 2 Holzstützen.

Demonstration: Unter Last instabil, indem der gedrückte Obergurt ausknickt. Seitliche Verformung behindert durch gezogenen Untergurt. Vergrößerung der Querschnittshöhe zur wirksameren Aufnahme von Biegemomenten ($J = b \cdot h^3/12$) findet in diesem Stabilitätsfall ihre Grenze. Besondere Gefahr: Obergurt von Fachwerkträgern, $s_k = \ell$. Abhilfe: seitliche Halterung durch Kipp-Verbände oder Deckenscheiben. Anwendung: alle schlanken Biegeträger. Siehe auch [6].

Lehrbereich: Statik; Holz-, Stahl-, Betonbau; Tragwerkslehre.

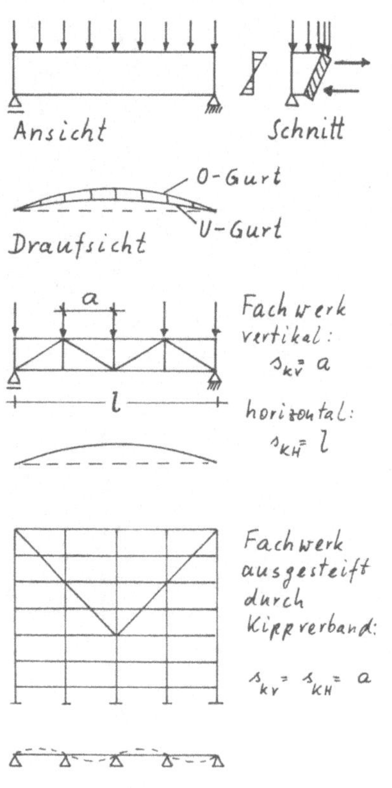

<u>Modell 28:</u> EINFELDTRÄGER UNTERSCHIEDLICHER LAGERUNG

<u>Beschreibung:</u> Holzlatte, an beiden Enden durch Flügelschrauben einzuspannen.

<u>Demonstration:</u> Einfluß der Randbedingungen: Unterschied der Durchbiegungen und der Krümmung der Biegelinien bei gelenkiger Lagerung bzw. einseitiger oder beidseitiger Einspannung. Bei gelenkiger Lagerung, z. B. im Fertigteilbau,und bei Kragarmen besondere Gefahr von Durchbiegungsschäden. Tangentendrehwinkel am gelenkigen Lager. Wendepunkt (M = 0) und Krümmungsänderung bei Einspannung.

<u>Lehrbereich:</u> Statik; Tragwerkslehre

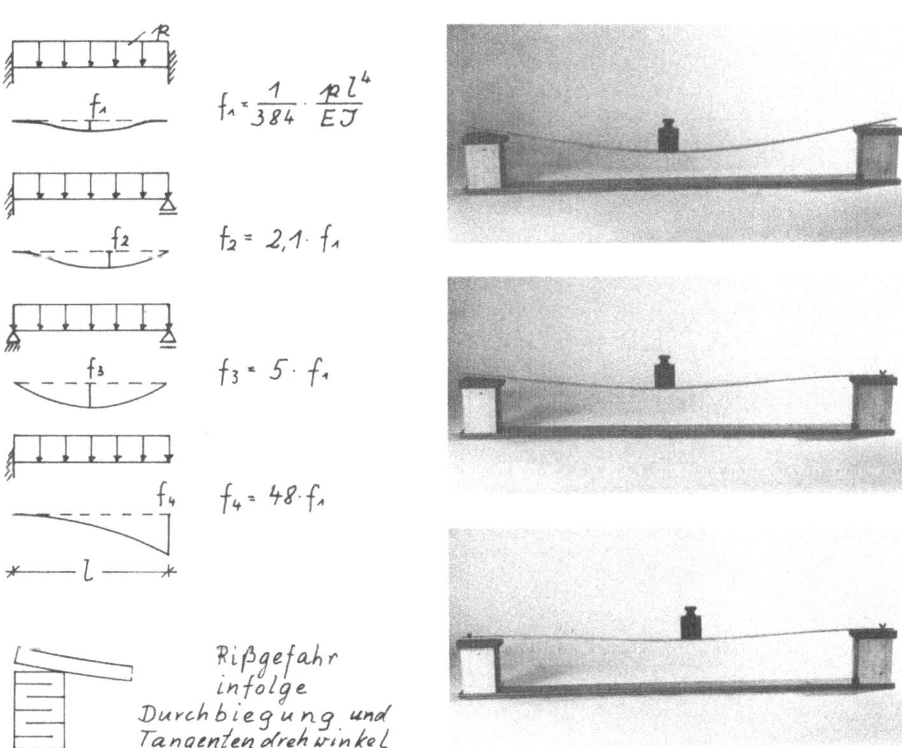

<u>Modell 29:</u>   LAGERUNG GENEIGTER TRÄGER

<u>Beschreibung:</u> Geneigte Holzbalken mit und ohne Ausklinkung auf Lagern vor Holztafel.

<u>Demonstration:</u> Die Ausklinkung ermöglicht eine vertikale Lagerkraft, so daß der Balken stabil gelagert ist. Ohne Ausklinkung ist die Lagerung von der Reibungskraft abhängig: Der Balken will abrutschen und ist nur über zusätzliche H-Kraft stabil. Anwendung z. B. bei Dachsparren.

<u>Lehrbereich:</u> Statik; Holzbau

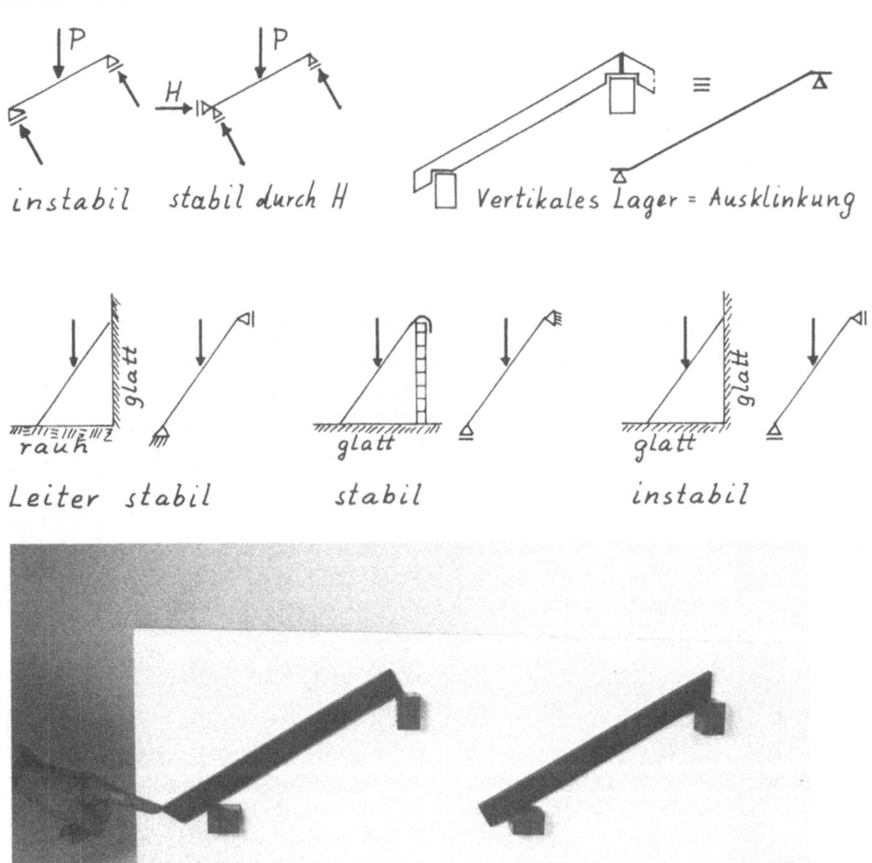

Modell 30:   LAGERARTEN GENEIGTER und GEKNICKTER TRÄGER

<u>Beschreibung:</u> Verschiedene Holzträger über Haken oder Rollen auf Holzbrett zu lagern.

<u>Demonstration:</u> Lagerungsarten von Trägern, stabile und instabile Lagerung zu demonstrieren.

<u>Lehrbereich:</u> Statik.

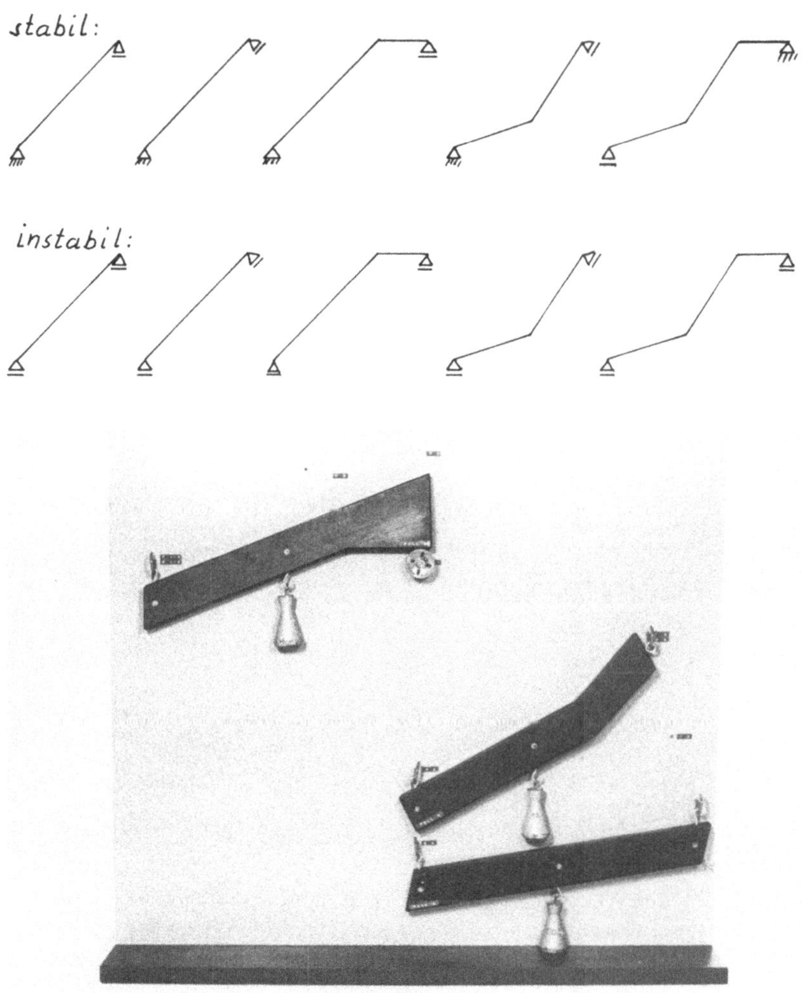

<u>Modell 31:</u>   GELENKTRÄGER oder GERBERTRÄGER

<u>Beschreibung:</u> Holzlatte mit 2 Scharnieren auf 4 Lagern vor Holzbrett.

<u>Demonstration:</u> Wirkungsweise von Gelenkträgern; Biegelinien; Knick der Biegelinie
im Gelenk; Krümmungen und M-Flächen;

<u>Lehrbereich:</u> Statik; Tragwerkslehre

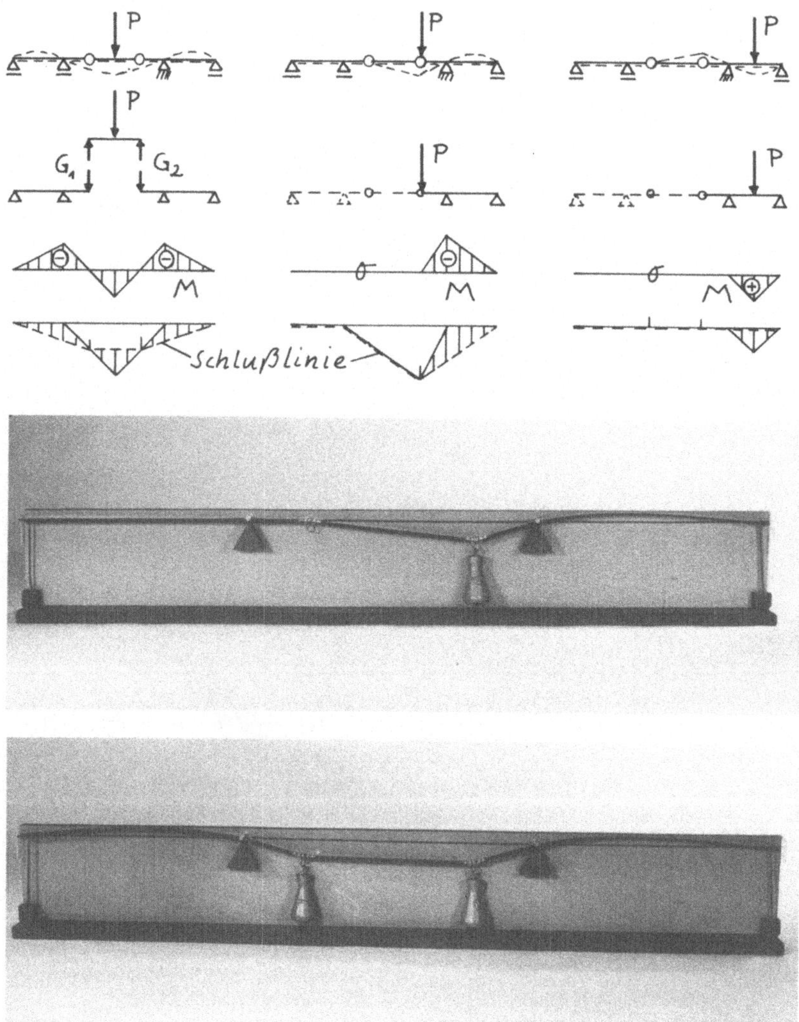

Modell 32:   STATISCH UNBESTIMMTER ZWEIFELDTRÄGER

Beschreibung: 2 Sperrholz-Latten, in der Mitte mit Scharnier verbunden; an den
Enden in der Mitte aufgeleimter Winkel mit Klemm-Möglichkeit.

Demonstration: Unter Last entstehen bei beweglichem Scharnier Durchbiegungen und
Tangenten-Drehwinkel an den Auflagern; dadurch über Mittellager Knick der Biegelinie, der als Klaffung am aufgeleimten Winkel in Erscheinung tritt. Um die Verformungen am Durchlaufträger verträglich zu machen, wird die Klaffung über der Mittel-
stütze durch ein Momentenpaar rückgängig gemacht. Dadurch Biegelinie knickfrei,
Durchbiegung wird gleichzeitig geringer. Momentenpaar als 2 Kräftepaare, durch
Zange oben und Scharnier unten erzeugt. Anwendung: Alle Biegeträger.

Lehrbereich: Statik: Statisch unbestimmte Systeme.

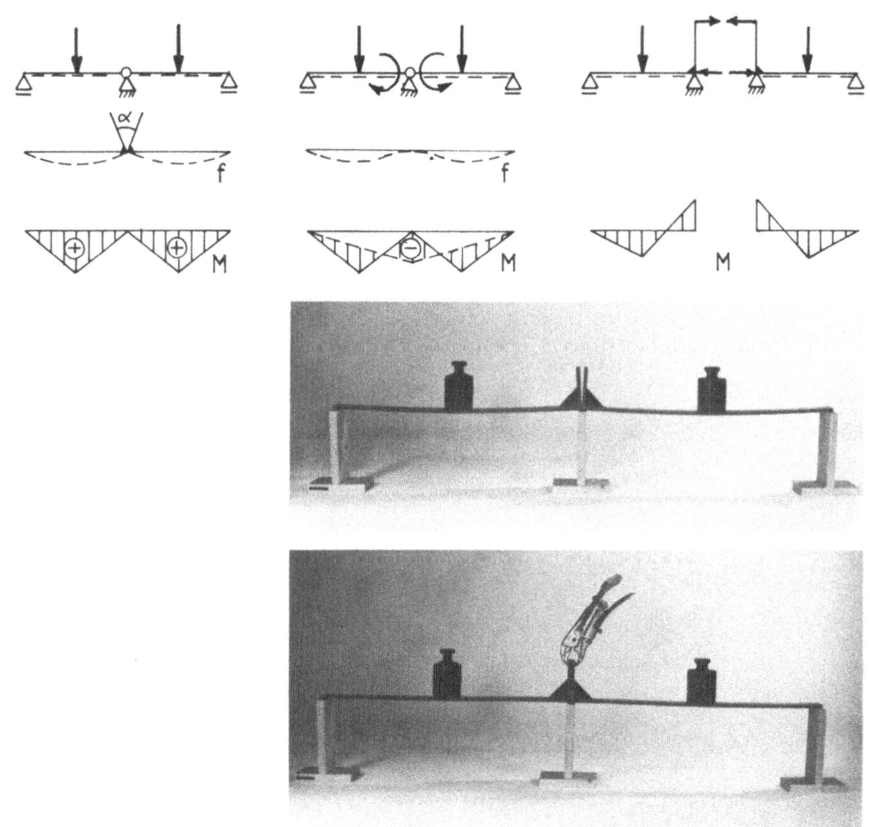

Modell 33:   DURCHLAUFTRÄGER ÜBER 3 FELDER

Beschreibung: Holzleiste auf 4 Lagern vor einem Holzbrett, anhängbare Gewichte.

Demonstration: Feldweise verschiedene Belastungen, Biegelinien, ungünstigste Last-
kombinationen für max M_F, min M_F, min M_{st} usw. Das Gefühl für Biegelinien und
Krümmungen unter feldweiser Belastung läßt sich an diesem einfachen Modell besonders gut schulen. Der Zusammenhang von Krümmung und Biegemoment ist anschaulich
darstellbar. $M = -EJ \cdot w''$, d. h. Moment proportional zur Krümmung; Proportionali-
tätsfaktor EJ = Biegesteifigkeit.

Lehrbereich: Statik: Statisch unbestimmte Systeme; Stahlbau; Stahlbetonbau; Tragwerkslehre.

Lastfälle:

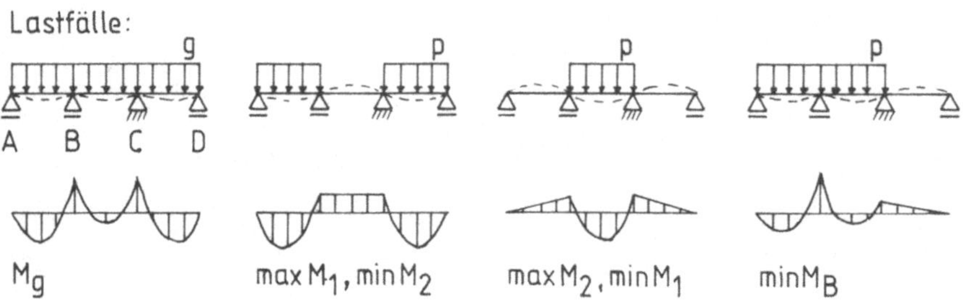

Modelle 34 und 35:   RAHMEN und GEKNICKTER TRÄGER

Beschreibung: Holzlatten zu Rahmen geleimt, auf Holzbrett, mit und ohne Fußgelenk.
Rahmen mit und ohne Gelenk in Riegelmitte.

Demonstration: Geometrischer Rahmen ohne Fußgelenke weicht unter Belastung horizontal aus: geknickter Träger ohne Rahmentragwirkung. Mit Fußgelenken entsteht unter
Last Horizontalschub: Rahmentragwirkung. Mit Gelenk im Riegel: 3-Gelenk-Rahmen,
statisch bestimmt und stabil. 2-Gelenk-Rahmen siehe Modell 45. Vgl. Bogen Modell 40.
M-Fläche = Abweichung von der Stützlinie. Statisch sinnvolle Formgebung entsprechend M-Fläche.

Lehrbereich: Statik;

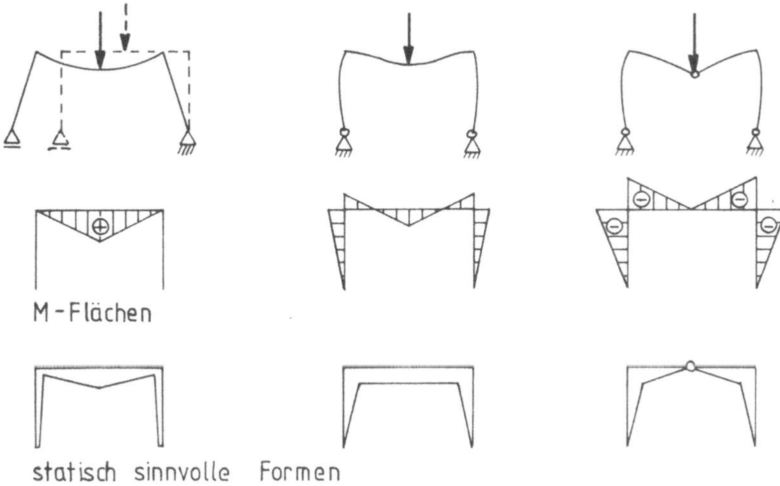

Modell 36:   DREI-GELENK-RAHMEN   EINSEITIG BELASTET

Beschreibung: Holzrahmen vor Holzscheibe; zum Ausgleich des Eigengewichtes der rechten Rahmenseite Gewicht über Umlenkrolle; Auflager B über Federwaage und Schnur durch Scheitelgelenk; Belastung P an linker Rahmenhälfte.

Demonstration: Die Auflagerkraft B verläuft durch Scheitelgelenk, da nur so M = 0 im Gelenk. Anderenfalls kein Gleichgewichtszustand möglich. M-Fläche = Abweichung von Stützlinie.

Lehrbereich: Statik.

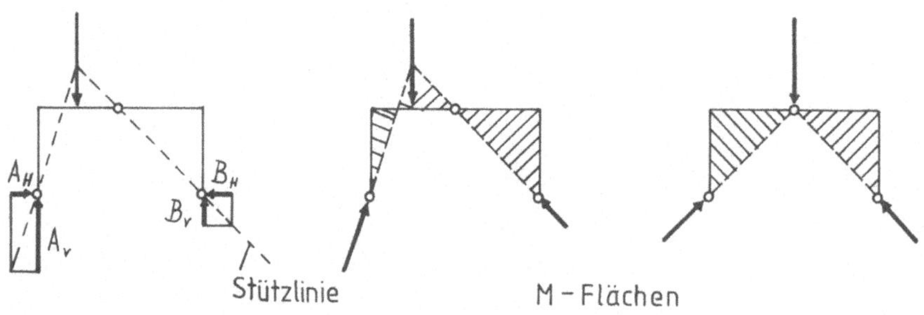

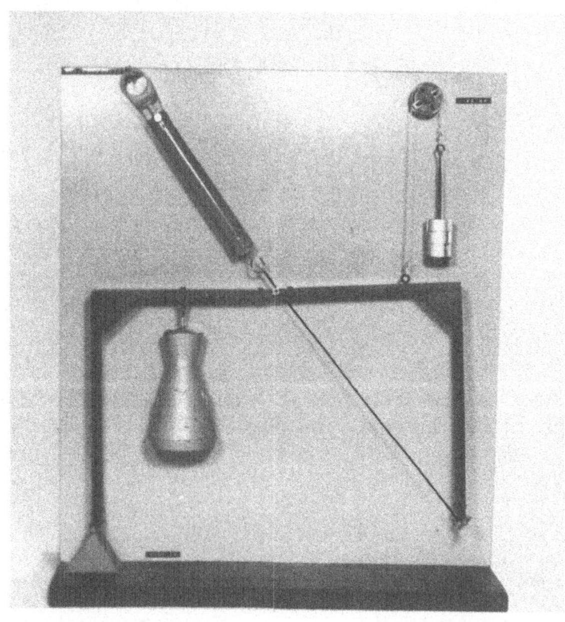

Modell 37: ZWEI-GELENK-RAHMEN

<u>Beschreibung:</u> Wie Modell 34, Verstärkung des Riegels durch aufschraubbare Latte möglich.

<u>Demonstration:</u> Die Schnittkräfte im Zweigelenkrahmen sind nicht nur von der Belastung, sondern auch von der Verteilung der Biegesteifigkeiten abhängig, da statisch unbestimmtes System. Effekt am Verformungsbild demonstrierbar: Große Riegelsteifigkeit bewirkt große Riegelmomente und kleine Stützenmomente und umgekehrt. Prinzip der Schlußlinie. Einspannmomente des Riegels in gleicher Größe am Stützenkopf.

<u>Lehrbereich:</u> Statik; Tragwerkslehre.

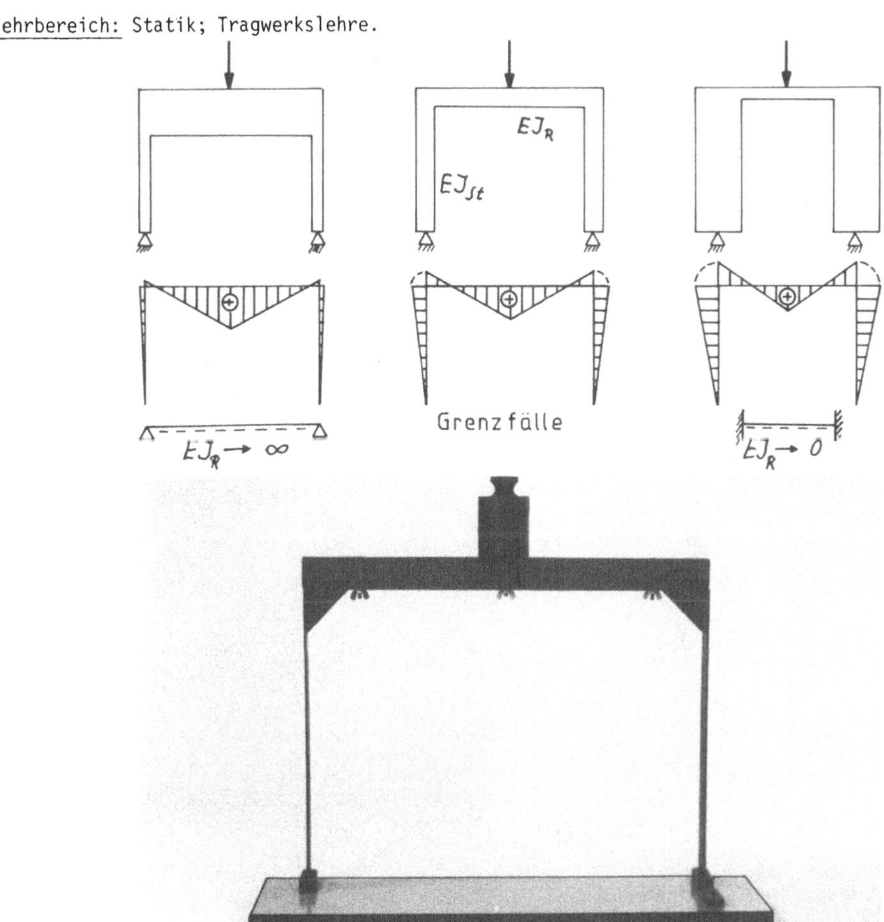

Modell 38:   BALKENKNICK

Beschreibung: Schaumgummi-Balken geknickt zusammengeklebt.

Demonstration: Biegemoment wird an den Ecken eingeleitet und um die Ecke geführt.
Anwendung: geknickter Träger und Rahmen.

Lehrbereich: Statik; Stahlbeton: Bewehrungsführung.

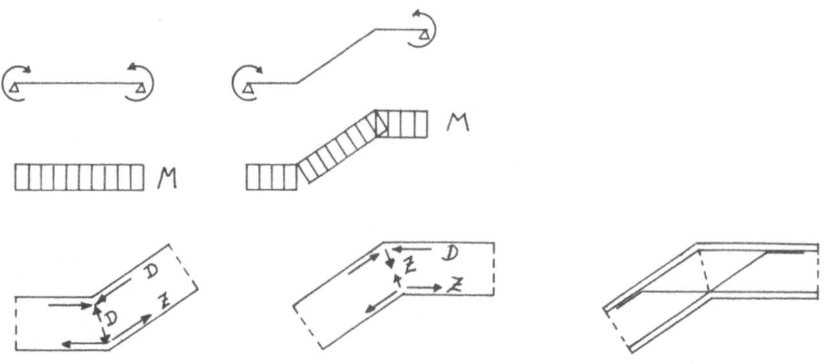

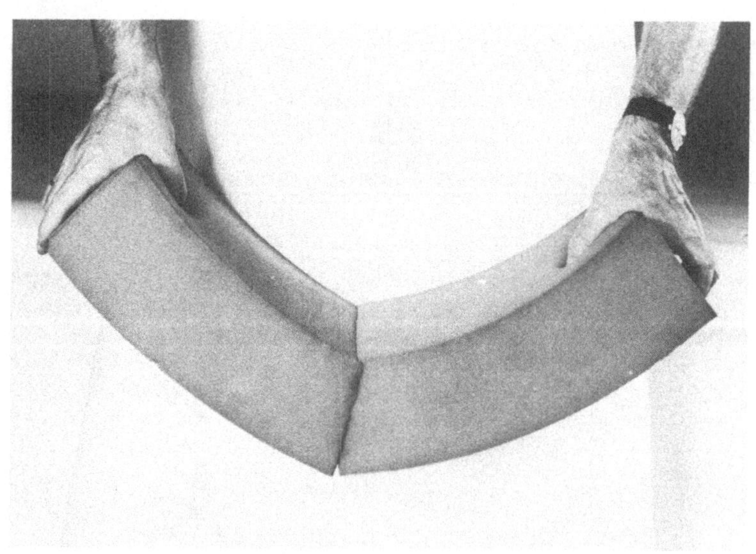

<u>Modell 39:</u>   STOCKWERKRAHMEN

<u>Beschreibung:</u> Aus Holzlatten verleimter Rahmen mit biegesteifen Ecken auf einem
Holzbrett, vor einer Holztafel mit Markierungen. Aufhängungen für vertikale Belastung, horizontale Lasten über Umlenkrollen aufzubringen.

<u>Demonstration:</u> Zusammenhang zwischen Belastung und Biegelinie; Auswirkung einer
Last auf übrige Rahmenelemente; ungünstigste Lastfälle, z. B. schachbrettartige
Belastung; Schulung des Empfindens für Reaktion des Tragwerkes auf Lasten; angenä-
herte Erfassung der Beanspruchung über Durchlaufträger oder idealisierende Rahmen-
ausschnitte.

<u>Lehrbereich:</u> Statik; Tragwerkslehre.

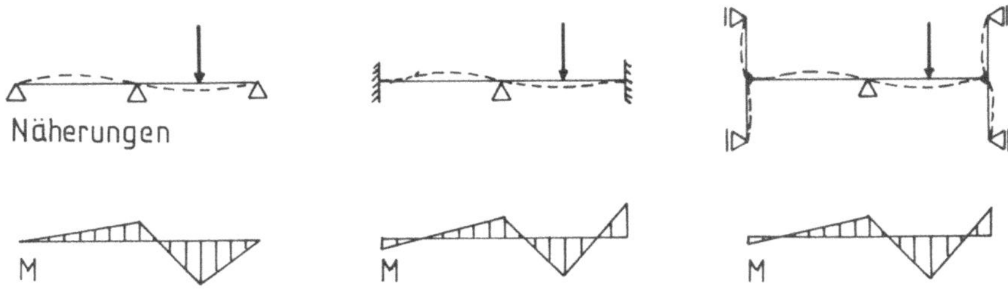

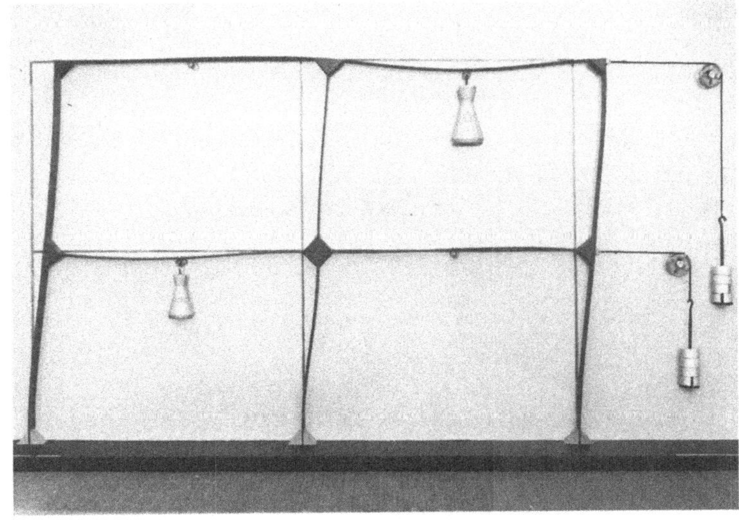

<u>Modell 40:</u>   BOGEN und GEKRÜMMTER TRÄGER

<u>Beschreibung:</u> Gekrümmte Holzlatten auf Holzbrett mit und ohne Widerlager. Bogen mit und ohne Scheitelgelenk.

<u>Demonstration:</u> Gekrümmter Träger ohne Widerlager weicht unter Last horizontal aus: Geometrischer Bogen ohne statische Bogentragwirkung. Mit Widerlagern entsteht unter Last Horizontalschub: Bogentragwirkung. Mit Scheitelgelenk als Drei-Gelenk-Bogen statisch bestimmt und stabil. M-Fläche als Abweichung von der Stützlinie. Vergleiche auch Modell 34. Statisch sinnvolle Formgebung entsprechend M-Fläche.

<u>Lehrbereich:</u> Statik, Tragwerkslehre.

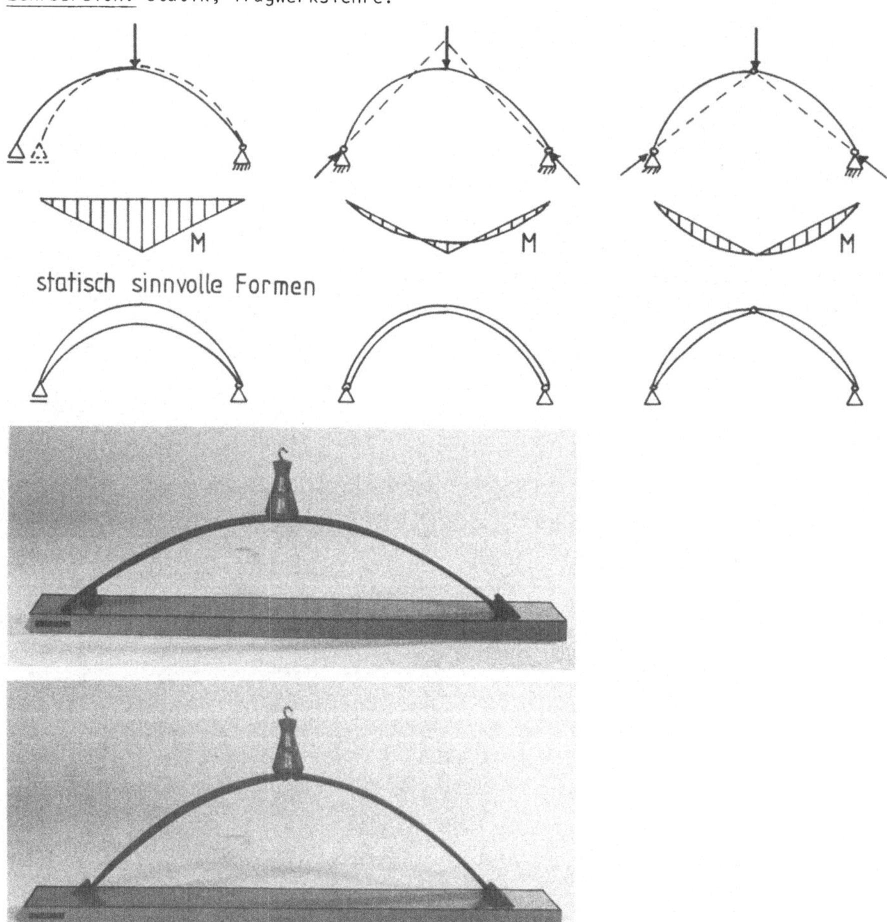

Modell 41:   GEWÖLBE

Beschreibung: Auf einer Gummischnur aufgefädelte Holzklötzchen formen ein Gewölbe vor einer Holztafel.

Demonstration: Die Holzklötzchen wirken in den Schnitten nur auf Druckkontakt. Das System ist stabil, solange die Stützlinie innerhalb des Gewölbequerschnittes verläuft. Der Bruch kündigt sich durch Klaffung in den Schnitten an. Anwendung auf gemauerte Gewölbe. Gefahr für Belastungen außerhalb der Stützlinie des Gewölbes.

Lehrbereich: Statik; Mauerwerksbau.

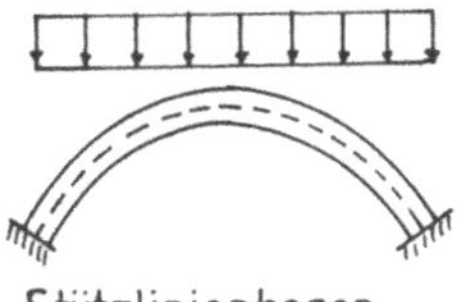

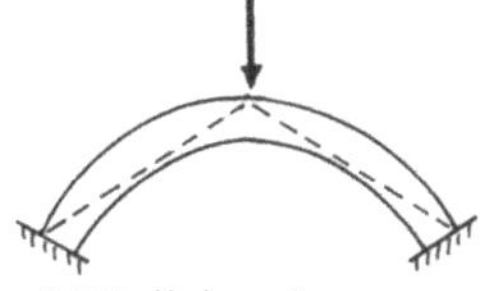

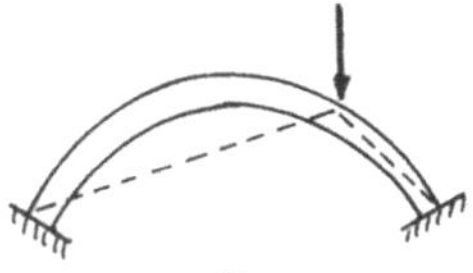

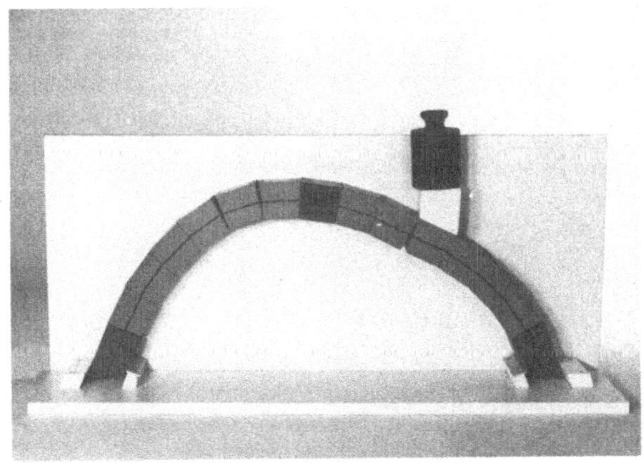

Modell 42: STÜTZLINIE — BOGEN

Beschreibung: Gekrümmter Plastikstreifen auf 2 Widerlagern vor einem Brett; Lasten über Haken anzuhängen.

Demonstration: Enorme Traglast des Stützlinienbogens im Verhältnis zum Biegebalken gleichen Querschnitts, erkennbar an der Durchbiegung des Balkens unter wesentlich geringerer Belastung; Gefahr des Bogenknickens siehe Modell 43. Belastung außerhalb der Stützlinie siehe Modell 41 und 44.

Lehrbereich: Statik; Tragwerkslehre.

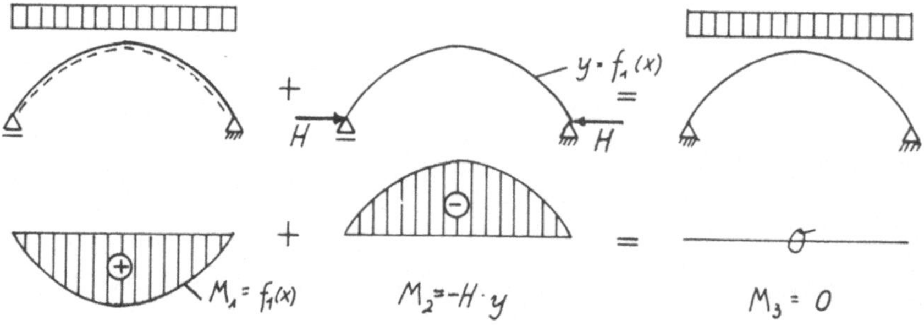

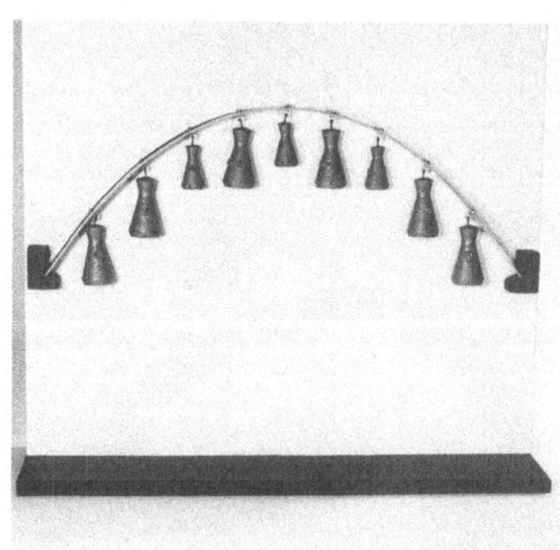

<u>Modell 43:</u>   BOGENKNICKEN

<u>Beschreibung:</u> Gekrümmter Plastikstreifen auf 2 Widerlagern vor einem Brett; Lasten über Haken anzuhängen.

<u>Demonstration:</u> Versagen des Bogens durch Knicken, da die Stützlinien-Belastung große Längskräfte N erzeugt. Mögliche Knickfiguren: symmetrisch und antimetrisch.

<u>Lehrbereich:</u> Statik.

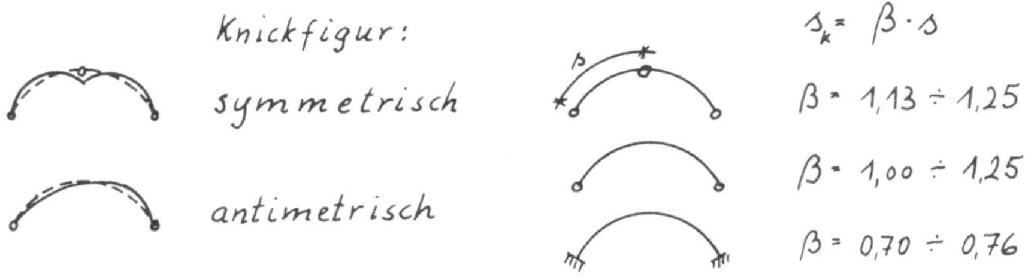

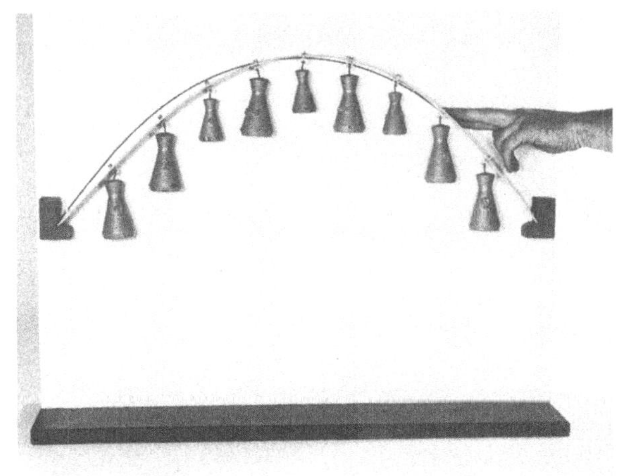

Modell 44:   BOGEN   UNSYMMETRISCH BELASTET

Beschreibung: Gekrümmter Plastikstreifen auf 2 Widerlagern vor einem Brett; Lasten über Haken anzuhängen.

Demonstration: Tragfähigkeit wesentlich geringer als bei Stützlinienbelastung, da die Last weitgehend durch Biegemomente abzutragen ist. Erkennbar an großen Verformungen unter sehr geringer Last. Vergleiche Modell 42.

Lehrbereich: Statik; Tragwerkslehre.

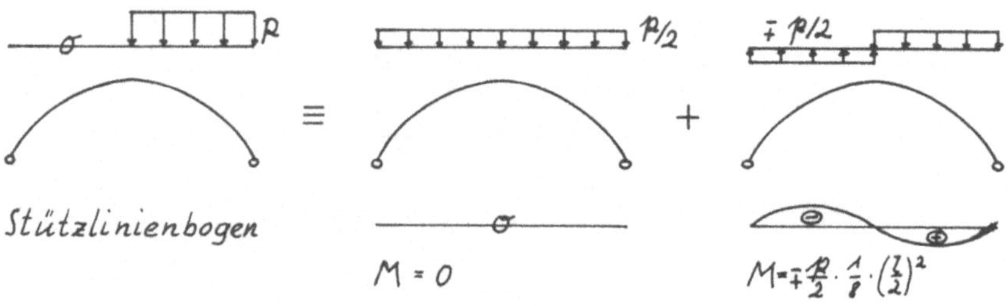

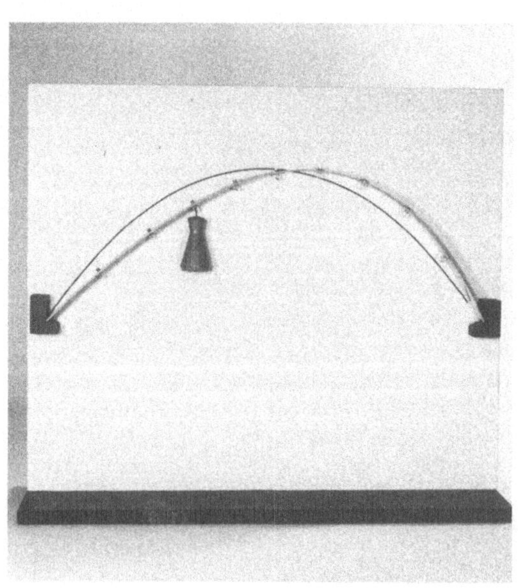

<u>Modell 45:</u> FAHRRADKETTE ALS STÜTZLINIE

<u>Beschreibung:</u> Gut geölte, bewegliche Fahrradkette.

<u>Demonstration:</u> Unter Eigengewicht stellt sich die "Kettenlinie" oder "Seillinie" ein, da in den Scharnieren der Kette keine Biegemomente aufgenommen werden können. Abtragung der Lasten durch Zugkräfte. Beim Umstülpen der Kette gelingt es mit einigem Geschick, den Druckbogen zu erzeugen: Form der Stützlinie = Kettenlinie. Druckbogen im labilen Gleichgewicht, das leicht instabil wird. Im Gegensatz dazu Kettenlinie stabiles Gleichgewicht.

<u>Lehrbereich:</u> Statik.

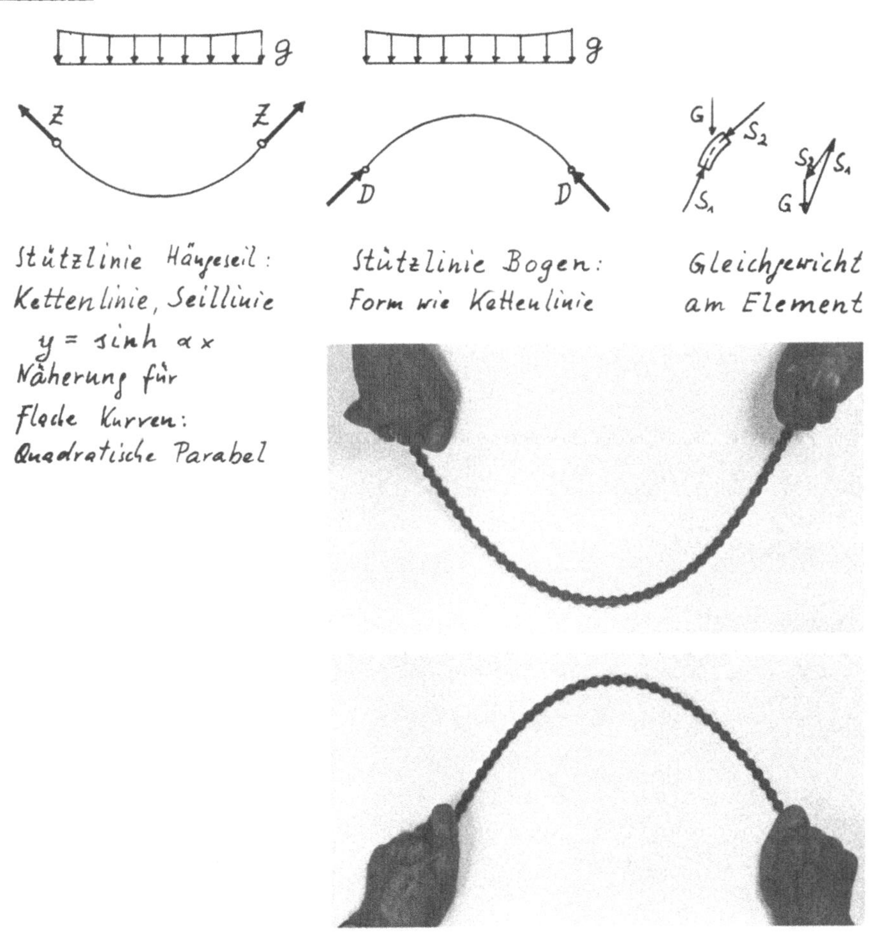

Modell 46:   FACHWERKTRÄGER RITTER-SCHNITT

Beschreibung: Fachwerkträger aus Holzlatten, zusammengeschraubt, Stäbe des Mittelfeldes durch Flügelschrauben zu öffnen.

Demonstration: Prinzip des Fachwerkträgers; unter Last stabil; beim Öffnen des Obergurtes erforderliche Druckkraft erkennbar; Prinzip des Ritterschen Schnittverfahrens.

Lehrbereich: Statik

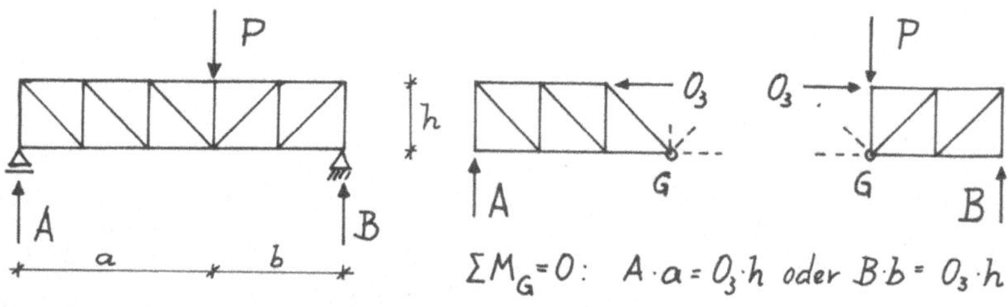

$$\sum M_G = 0: \quad A \cdot a = O_3 \cdot h \quad \text{oder} \quad B \cdot b = O_3 \cdot h$$

Modell 47: FACHWERKTRÄGER MIT STABKRÄFTEN

Beschreibung: Fachwerkträger aus Phywe-Baukasten, einzelne Stäbe mit Kraftmessern ausgestattet.

Demonstration: Unter Last erhalten die Fachwerkstäbe Kräfte, die von den Meßgeräten angezeigt werden. Druck bzw. Zug am Drehsinn der Zeiger erkennbar. Vergleich mit Kräften nach Cremonaplan oder Ritterschnitt.

Lehrbereich: Statik

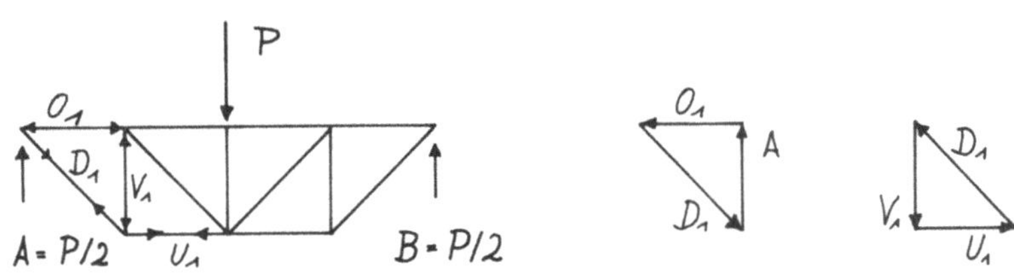

<u>Modell 48:</u>   FACHWERKRAHMEN

<u>Beschreibung:</u> 3-Gelenk-Rahmen, aus Holzlatten zum Fachwerkrahmen verschraubt. Über Flügelschrauben sind einzelne Stäbe lösbar.

<u>Demonstration:</u> Zum Fachwerk aufgelöste Querschnitte auch bei Rahmen möglich: Material- und Gewichtsersparnis. Rittersches Schnittverfahren durch Öffnen eines Stabes. Statisch sinnvolle Form durch Anpassen der Querschnittshöhe an die M-Fläche.

<u>Lehrbereich:</u> Statik; Tragwerkslehre.

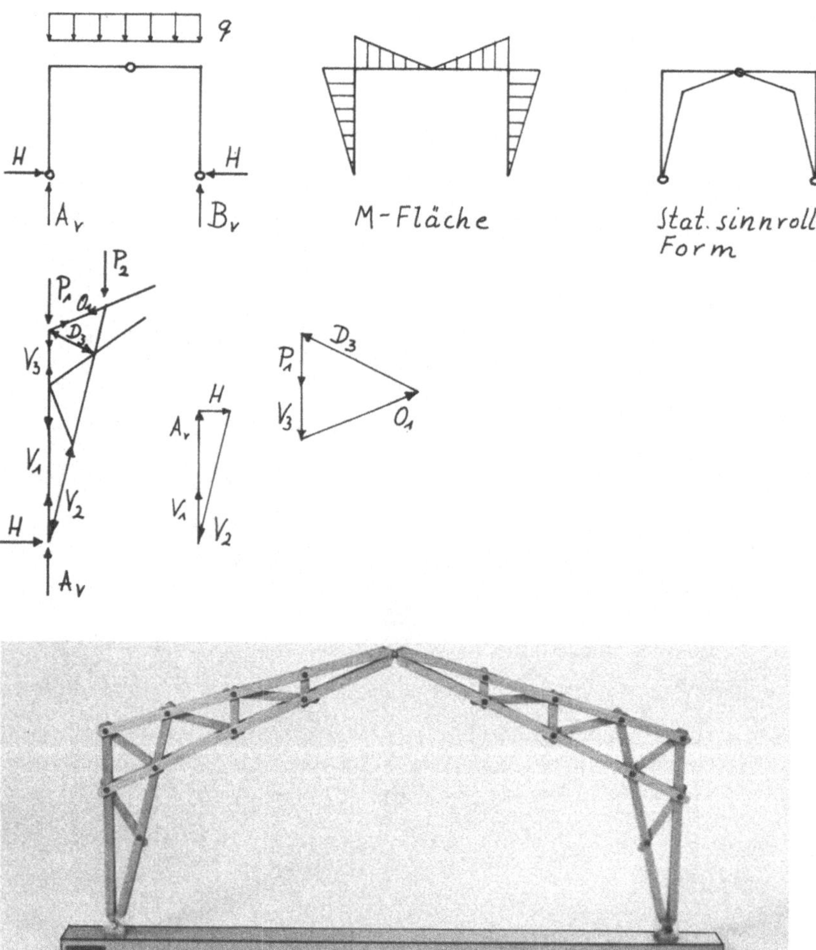

Modell 49:   SCHAUMGUMMI-BALKEN

Beschreibung: Balken aus weichem Schaumgummi.

Demonstration: Das einfachste und am vielseitigsten einsetzbare Modell, das in nahezu jeder Vorlesung Verwendung findet. Durch seine Weichheit lassen sich die statischen Phänomene sehr anschaulich demonstrieren: Verformungen als Folge der Kraftwirkung. Insbesondere einachsige Biegung, zweiachsige Biegung, Knicken, Torsion (im Bild), Momenten - Krümmung - Beziehung, usw.

Lehrbereich: Statik.

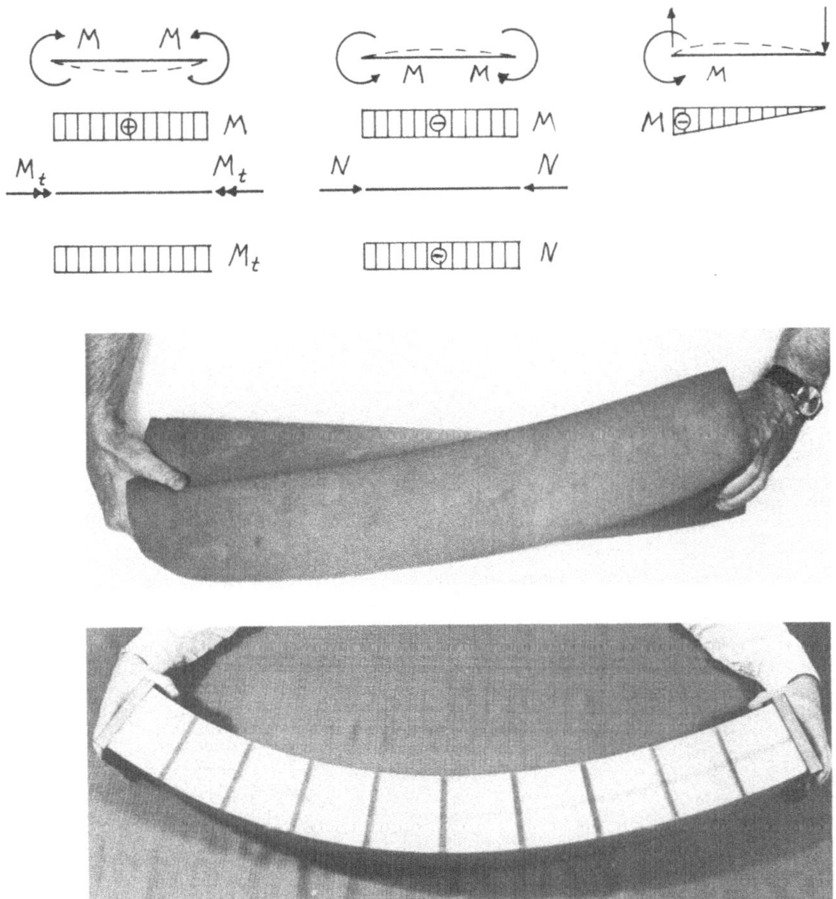

<u>Modell 50:</u>   TORSIONSBEANSPRUCHTE QUERSCHNITTE

<u>Beschreibung:</u> Verschiedene Querschnittsformen, nämlich Rechteck-, Winkel-, I- und Quadratrohr-Profile als abgewinkelte Stäbe, sind zwischen 2 Holzplatten torsionssteif eingespannt. Am abgewinkelten Kragarmende Belastung durch Gewichte.

<u>Demonstration:</u> Die Querschnitte verhalten sich sehr verschieden gegenüber Torsion: Das Hohlprofil verformt sich unter hoher Last kaum, die anderen Profile weisen unter geringerer Belastung wesentlich größere Verdrehung auf. Winkelprofile haben geringe Torsionssteifigkeit, da sich Kräftepaare nur innerhalb der Querschnittsdicke ausbilden können.

<u>Lehrbereich:</u> Statik

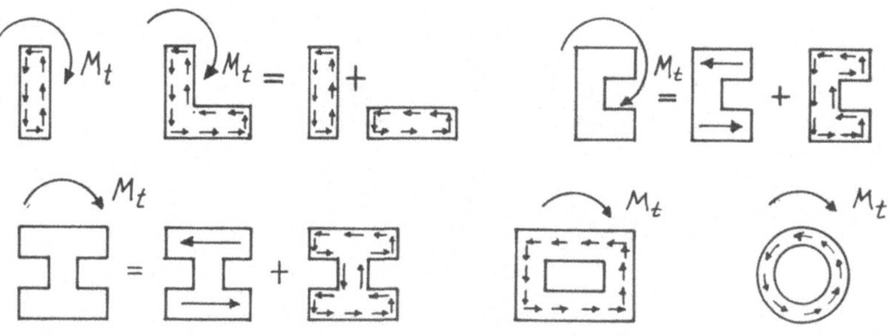

<u>Modell 51</u>: TORSIONSBEANSPRUCHTE ROHRE

<u>Beschreibung</u>: 2 geometrisch gleiche Plastik-Rohre, eines davon längs aufgeschlitzt, torsionssteif über Holzplatte gelagert. Durch Bohrungen und Hebelstangen sind mittels Gewichten Torsionsmomente aufbringbar.

<u>Demonstration</u>: Das geschlossene Rohr zeigt trotz großen Torsionsmomentes kaum Verdrehung, ist also sehr torsionssteif, da sich ein geschlossener Schubfluß im Kreisquerschnitt einstellen kann. Das geschlitzte Rohr verdreht sich trotz gleicher Abmessungen unter geringerer Last viel stärker, da der Schubfluß am Schlitz unterbrochen ist und sich kein geschlossener Schubfluß aufbauen kann. Die Schnittufer am Schlitz verschieben sich gegeneinander infolge der Schubspannungen in Balken-Längsrichtung. Offene Profile sind daher gegenüber Torsionsbeanspruchung ungünstiger als geschlossene Profile. Wirkt sich u. a. auch bei der Gefahr des Drill-Knickens aus.

<u>Lehrbereich</u>: Statik, Tragwerkslehre

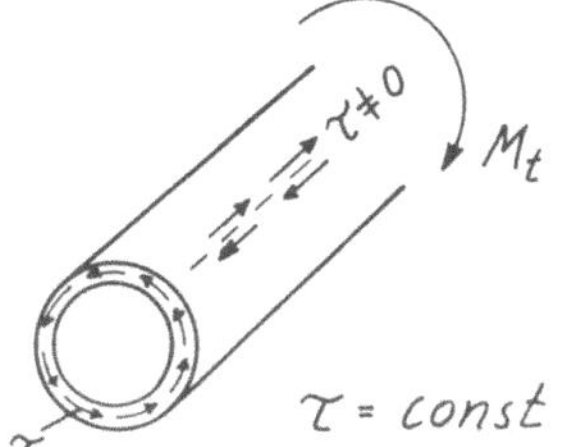

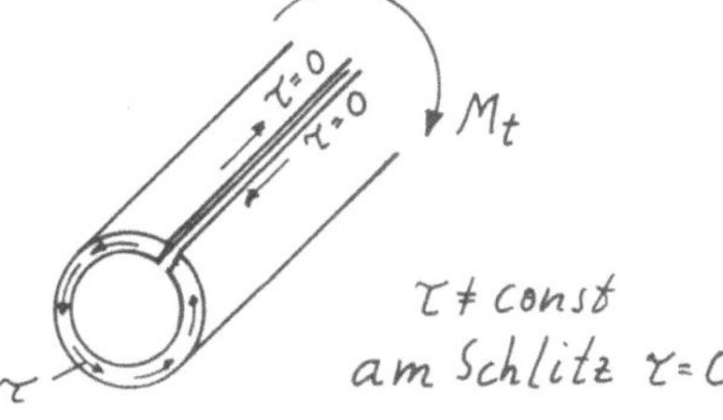

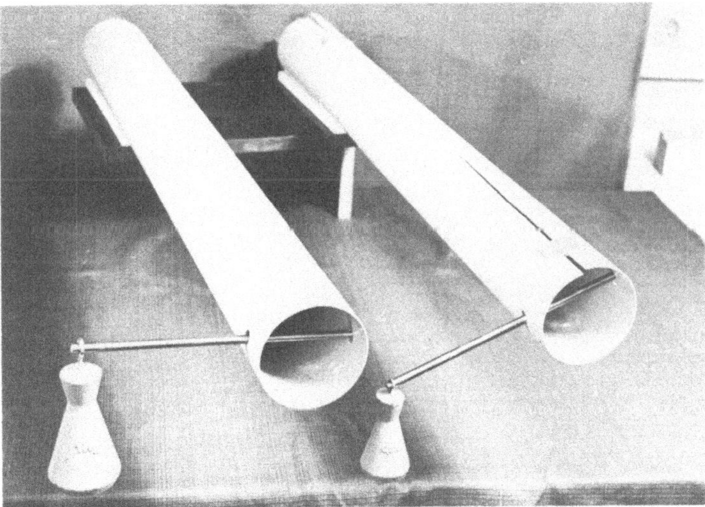

Modell 52: SCHUBMITTELPUNKT

<u>Beschreibung:</u> Kragarm aus Plexi-Glas mit U-Profil, an Holzscheibe befestigt. An der Stirnseite Zeiger und verschiebliche Lastaufhängung, darüber Skala.

<u>Demonstration:</u> Lastaufhängung im Schwerpunkt des Profils oder in der Stegebene bewirkt Verdrehung, die der Zeiger auf der Skala sichtbar macht. Last im Schubmittelpunkt M bewirkt keine Verdrehung. Schubfluß im U-Profil infolge der vertikalen Last P bildet in den Gurten ein Kräftepaar, das den Schwerpunkt der Schubspannungen nach außen rückt: Schubmittelpunkt M.

<u>Lehrbereich:</u> Statik; Stahlbau

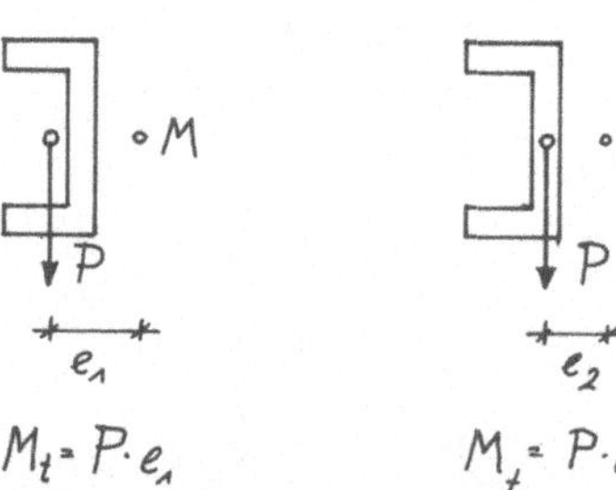

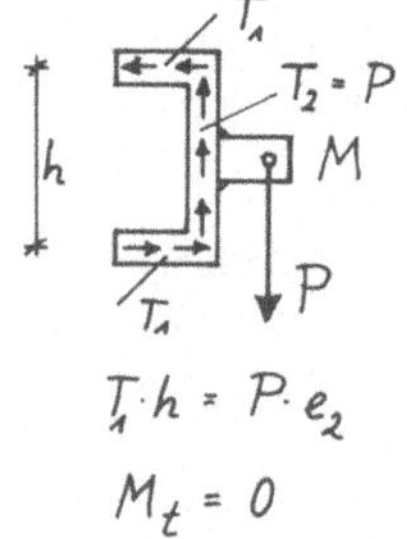

Modell 53:   SCHEIBENBEANSPRUCHUNG

Beschreibung: Scheibe aus Schaumgummi mit Quadrat-Raster, beidseits gelenkig gela-
gert. Davor Plexiglas-Scheibe mit gleichem Raster. Montiert auf Holzscheibe. Belastung über Gewichte am unteren Rand der Schaumgummi-Scheibe.

Demonstration: Die unten angehängte Last p erzeugt vertikal gerichtete Zugspannun-
gen σ_y und vertikale Dehnungen ε_y des Querschnitts, die nach oben zu abnehmen, am
Raster erkennbar. Deshalb verformen sich die horizontalen Fasern nicht parallel:
Die unteren Fasern biegen stark durch, die oberen Bereiche bleiben nahezu unver-
formt. Diese Querschnittsverformungen infolge ε_y sind die Ursache dafür, daß die
Technische Biegelehre mit linearer Spannungsverteilung bei Scheiben nicht anwendbar
ist. Ähnliches gilt für balkenartige Schalen, z. B. Tonnenschalen. Siehe dazu [2].

Lehrbereich: Mechanik: Balken- und Scheibentheorie; Stahlbeton: wandartige Träger

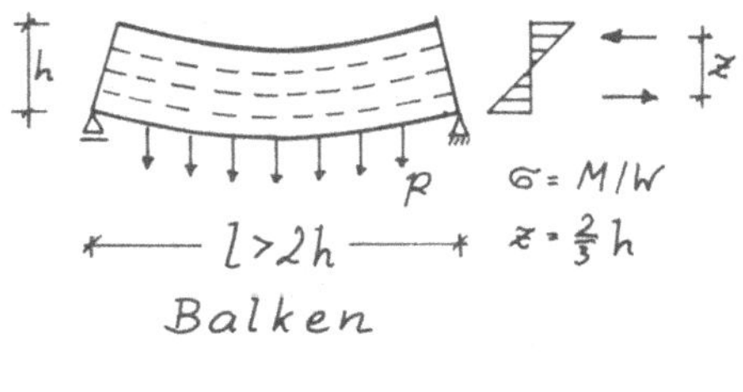

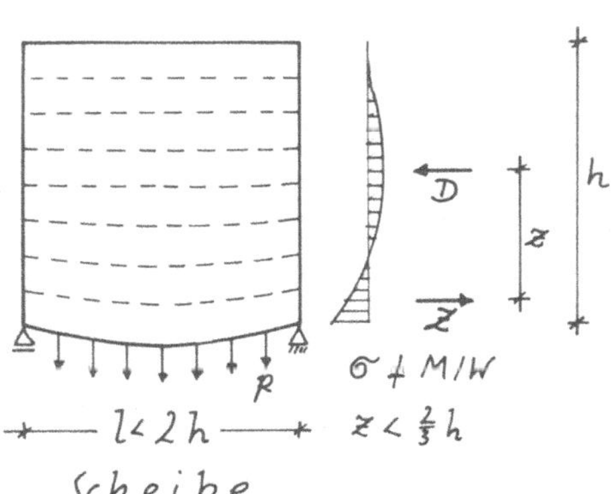

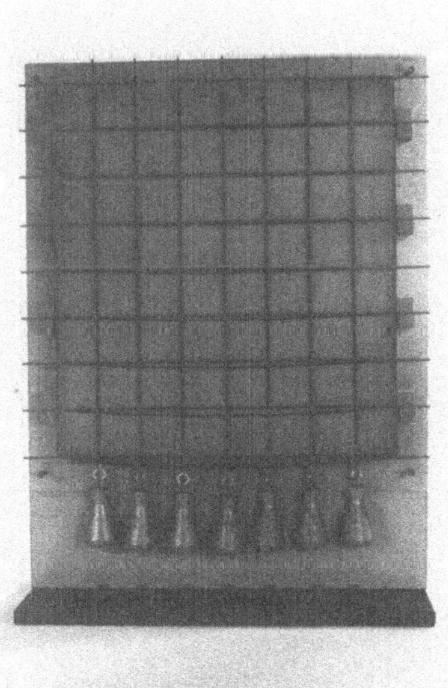

Modell 54:   QUERSCHNITTSSCHWINGUNG

Beschreibung: Rohr aus Plastikfolie zusammengeklebt. Am oberen Rand schwere Schrauben befestigt, um schwingende Masse zu erzeugen.

Demonstration: Durch kurzes oder rhytmisches Zusammendrücken des Rohrquerschnittes lassen sich Querschnitts-Schwingungen erzeugen. Anwendung bei dünnwandigen Profilen, z. B. Blechschornsteinen.

Lehrbereich: Dynamik; Tragwerkslehre

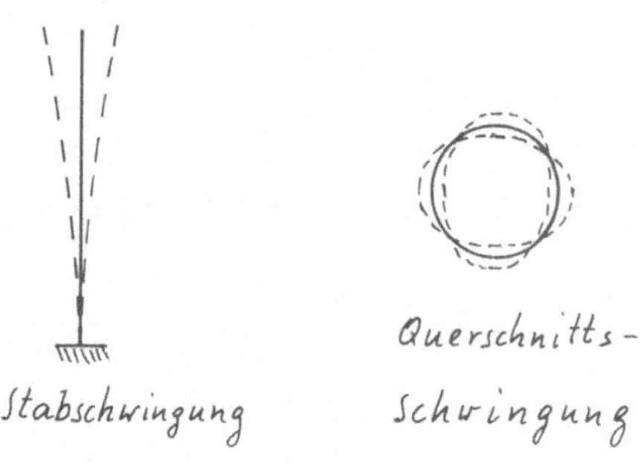

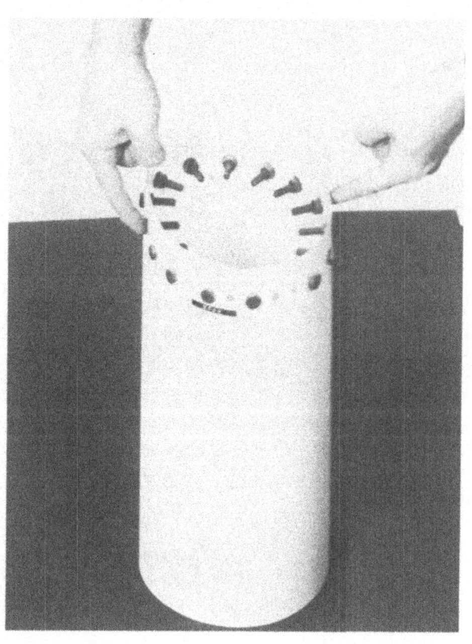

II   Anschauungsmodelle
     vorwiegend für
     Holzbau, Mauerwerksbau, Stahlbau, Grundbau,
     Stahlbeton und Spannbeton

Modell 55:   AUSSTEIFUNG HOLZSKELETT

Beschreibung: Gebäudeskelett aus Holzlatten mit allen erforderlichen Aussteifungs-
elementen in Wand-, Decken- und Dachebenen. Alle Diagonalen durch Flügelschrauben
zu öffnen und abnehmbar.

Demonstration: Abtragung der vertikalen und horizontalen Lasten. Versagensbild
beim Entfernen einzelner Aussteifungselemente. Prinzip Andreaskreuz: Jeweilige
Druckdiagonale knickt aus, Zugdiagonale steift aus: System veränderlicher Gliede-
rung. Anwendung bei allen Skelettkonstruktionen aus Holz und Stahl. Aussteifende
Wirkung von Bretterschalung siehe Modell 56.

Lehrbereich: Holzbau, Stahlbau.

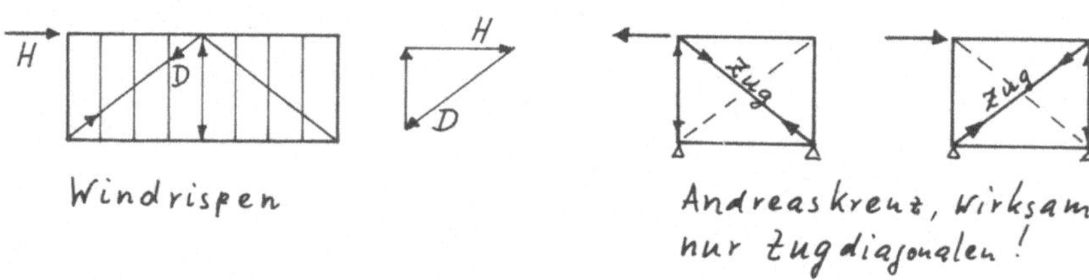

<u>Modell 56:</u>   BRETTERSCHALUNG KEINE SCHEIBENWIRKUNG

<u>Beschreibung:</u> 5 Bretter mit jeweils 1 Nagel auf 2 Balken befestigt, jeweils 2. Nagel einsteckbar. Zwischen den Brettern 2 mm Abstand.

<u>Demonstration:</u> Durch Schwinden des Holzes entsteht ein kleiner Abstand zwischen den Brettern. Unter einer Querkraft verschiebt sich das System nahezu widerstandslos, bis der Abstand geschlossen ist: Scheibenwirkung ist nicht vorhanden. Beim Einstecken der jeweils 2. Nägel Widerstand aus dem Kräftepaar der beiden Nägel: geringe Wirkung, da Hebelarm zwischen den Nägeln gering; außerdem großer Schlupf. Deshalb nur für untergeordnete Zwecke zulässig. Abhilfe: zusätzlich Diagonalen.

<u>Lehrbereich:</u> Holzbau, Tragwerkslehre

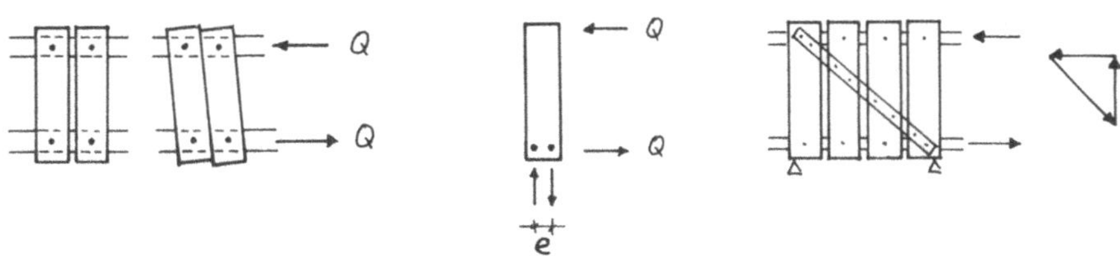

Modelle 57 und 58: PFETTENDACH — SPARRENDACH

Beschreibung: Modelle aus Holzleisten.

Demonstration: Beim Pfettendach Lastabtragung aus den Sparren über Fuß- und First-
pfetten, event. Mittelpfetten, sowie Stützen. Bei Sparrendach Lastabtragung direkt
über Sparren als 3-Gelenk-Bock ohne Pfetten; Horizontalkraft in den Fußpunkten muß
aufnehmbar sein; diagonale Windrispen in den Dachflächen zur Längsaussteifung des
Daches und zur Knickaussteifung der Sparren in Querrichtung. Auf glatter Unterlage
läßt sich demonstrieren, daß Sparrendach ohne horizontales Widerlager seitlich aus-
weicht.

Lehrbereich: Holzbau; Tragwerkslehre.

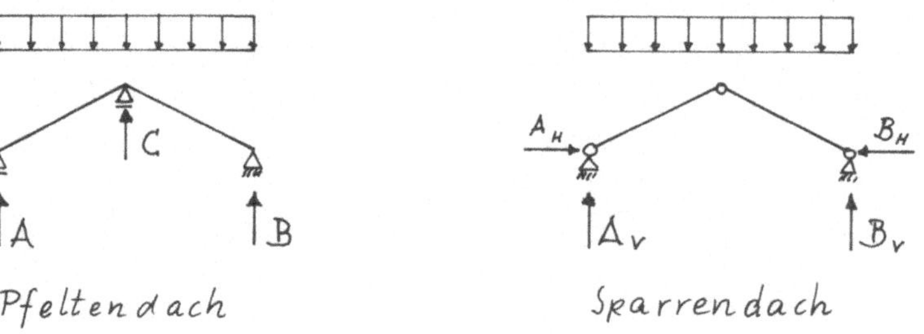

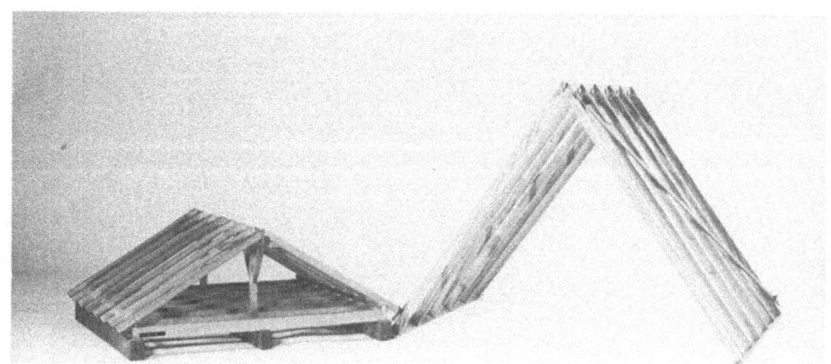

<u>Modell 59:</u>   SPARRENDACH AUF DREMPEL

<u>Beschreibung:</u> Unterer U-förmiger Holzlattenrahmen trägt Sparrendach, das mit ver-
schiedener Neigung aufgesetzt werden kann.

<u>Demonstration:</u> Das Sparrendach gibt H-Schub auf den unteren Rahmen ab, u. z. umso
mehr, je flacher das Dach geneigt ist. Der H-Schub bewirkt ein Kragmoment im Drem-
pel; gleichzeitig muß das Einspannmoment des Drempels im horizontalen Rahmenriegel,
z. B. in der Deckenplatte, aufgenommen werden. Die Momentenbeanspruchung ist an der
Biegeverformung erkennbar.

<u>Lehrbereich:</u> Holzbau; Tragwerkslehre.

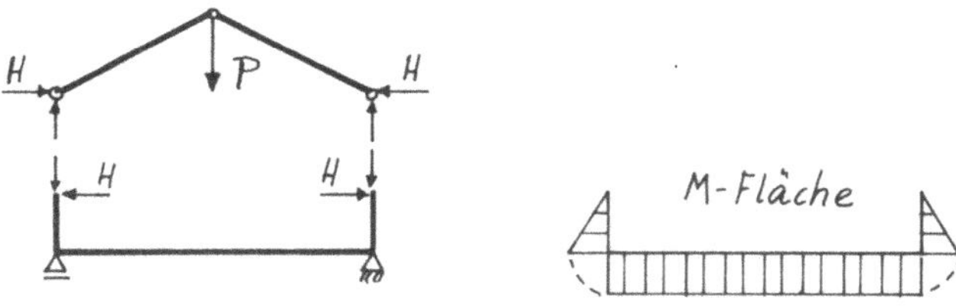

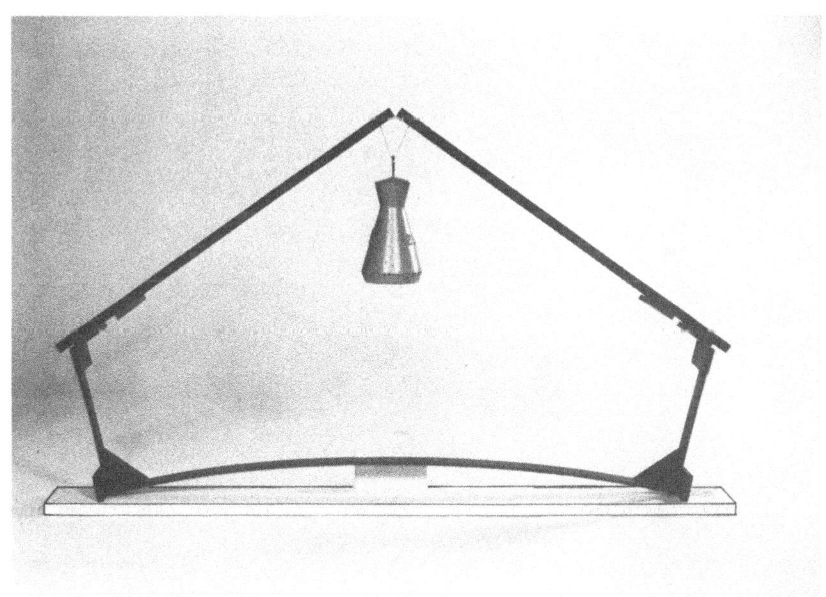

Modell 60:   PRÜFKÖRPER FÜR HOLZFESTIGKEIT

Beschreibung: Genormte Prüfkörper zur Ermittlung der Festigkeit von Holz auf Zug, Längsdruck, Querdruck, Schub, Biegung; Zustand nach dem Bruchversuch.

Demonstration: Art des Material-Versagens. Auf Druck z. B. knicken die Fasern aus, so daß der Quader schräg abschert. Durch diese Prüfkörper wird dem Anfänger außerdem demonstriert, wie z. B. die Werte für die zulässigen Spannungen ermittelt wurden.

Lehrbereich: Holzbau; Festigkeitslehre

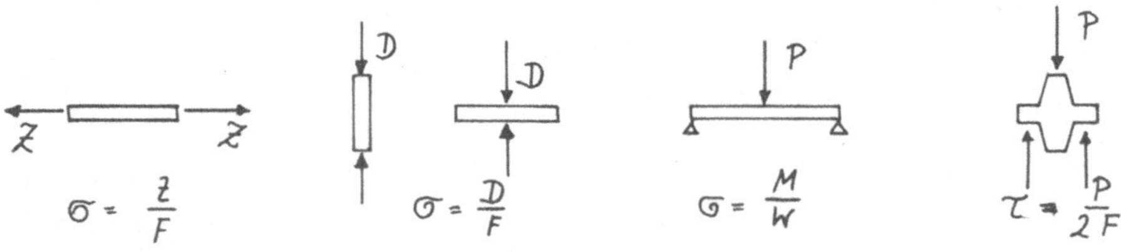

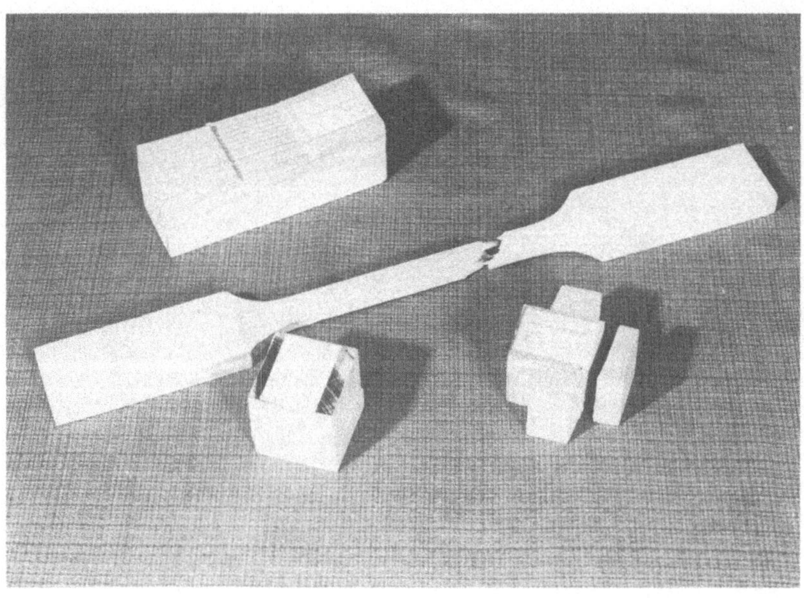

<u>Modelle 61 bis 63:</u>   HOLZQUERSCHNITTE

<u>Beschreibung:</u> Verschiedene im Holzbau angewandte Holzquerschnitte: Schnittholz, Brettschichtträger, geleimter oder genagelter Fachwerkträger, Wellstegträger usw.

<u>Demonstration:</u> Darstellung der verwendeten Querschnittsarten; Erläuterung der statischen und herstellungstechnischen Gesichtspunkte; die Demonstration dient nicht zuletzt dazu, die abstrakten statischen Entwicklungen anschaulich zu machen.

<u>Lehrbereich:</u> Holzbau

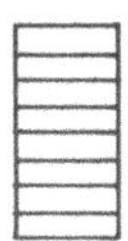

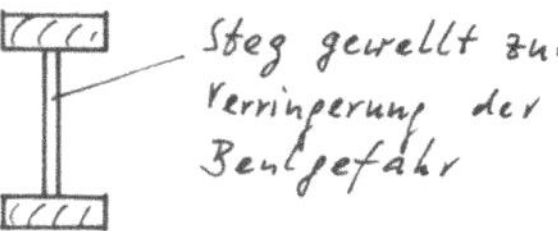

Massiv-
Querschnitt   geleimter
Brettschichtträger   Wellsteg-
träger

Modell 64: HOLZVERBINDUNGEN

Beschreibung: Muster der verschiedensten Holzverbindungen, Nagelplatten, Bolzen, Schrauben, Stahl-Anschlußteile.

Demonstration: Darstellung der im Holzbau üblichen Verbindungsmittel, um die abstrakten statischen Entwicklungen anschaulich zu machen. Die Wirkungsweise der Verbindungsmittel ist am Modell besser zu erläutern. Siehe auch Modell 65.

Lehrbereich: Holzbau.

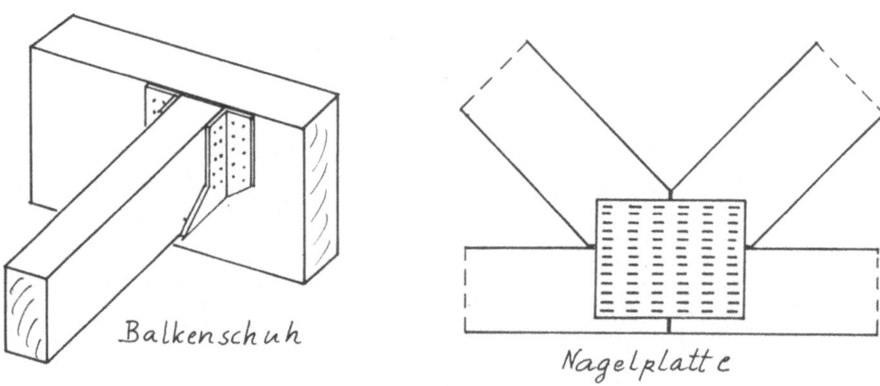

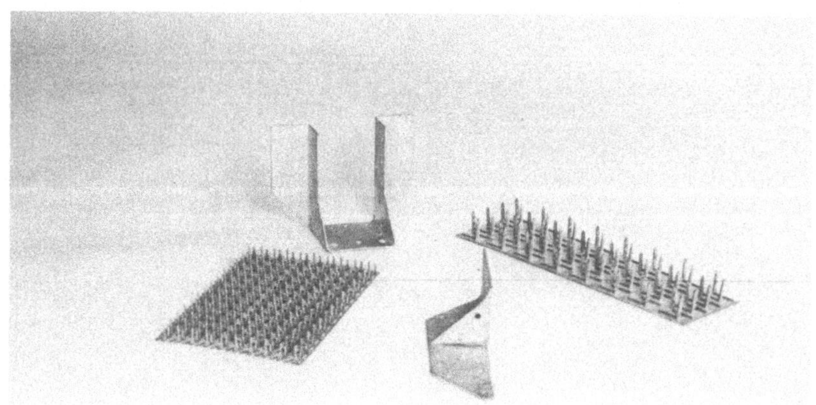

<u>Modell 65:</u>   DÜBELVERBINDUNGEN

<u>Beschreibung:</u> Verschiedene handelsübliche Stahldübel zur Holzverbindung.

<u>Demonstration:</u> Ausführung und Wirkungsweise der Dübel; Vor- und Nachteile der verschiedenen Fabrikate, z. B. starrer bzw. drehbarer Knotenpunkt, Zerstörung der Holzfasern, erforderlicher Lochabzug usw. Zusätzlich erforderlicher Bolzen, um Herausdrehen der Dübel zu verhindern. Siehe auch Modell 66.

<u>Lehrbereich:</u> Holzbau.

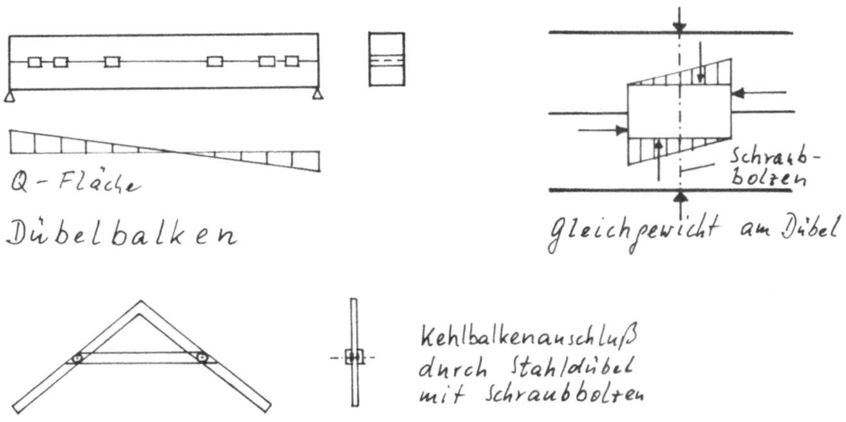

<u>Modell 66:</u>   FACHWERK-KNOTEN

<u>Beschreibung:</u> Aus Kanthölzern gebildeter Fachwerk-Knoten, mit Stahldübel und Bolzen verbunden. Apel-Dübel ermöglicht Verdrehung der einzelnen Stäbe für Montagezwecke.

<u>Demonstration:</u> Praktische Ausführung eines Fachwerk-Knotens. Abstrakte statische Überlegungen werden damit anschaulich. Drehbewegung für Montagezwecke demonstrierbar.

<u>Lehrbereich:</u> Holzbau.

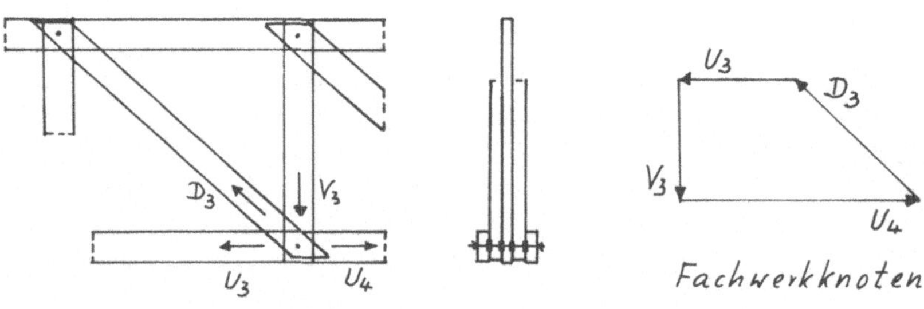

<u>Modell 67:</u>   PRÜFKÖRPER FÜR STAHLFESTIGKEIT

<u>Beschreibung:</u> Verschiedene Prüfkörper für die Stahlfestigkeit, Zustand nach dem Bruchversuch.

<u>Demonstration:</u> Art des Materialversagens, Einschnürung, Bruchfläche bei statischem bzw. Dauerbruch, Kerbspannungen bei Aussparungen, σ-ε-Diagramm usw.

<u>Lehrbereich:</u> Stahlbau.

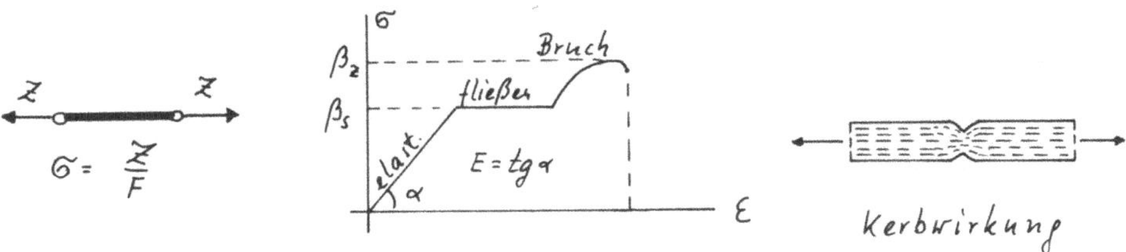

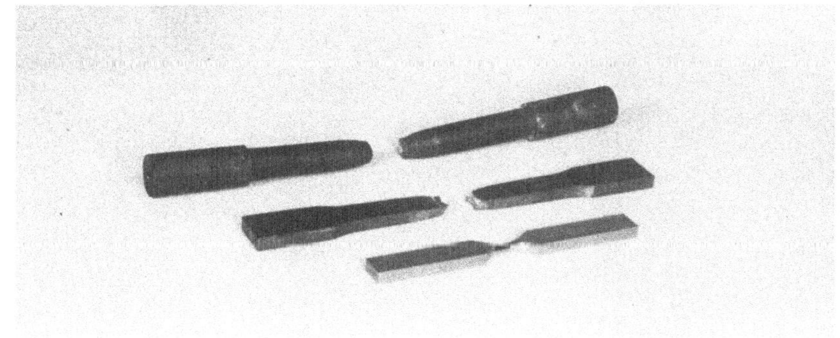

Modell 68: NIETVERBINDUNGEN

Beschreibung: Ein- und zweischnittige Nietverbindung aus Schaumgummiplatten auf Holzplatte, davor Plexiglas-Scheibe mit aufgezeichnetem Raster; Gewichte am unteren Rand des Schaumgummis anzuhängen.

Demonstration: Einschnittige Verbindung dreht sich wegen Exzentrizität der Krafteinleitung; zweischnittige Verbindung ohne Verdrehung, da symmetrisch; Beanspruchung des Niets auf Abscheren und auf Biegung, falls das zu verbindende Material weich ist (z. B. Holz); Lochleibungsdruck als Druckspannung zwischen Niet und Blech. Gleiche Wirkungsweise bei Niet, Schraube, Nagel, Stabdübel.

Lehrbereich: Stahlbau, Holzbau.

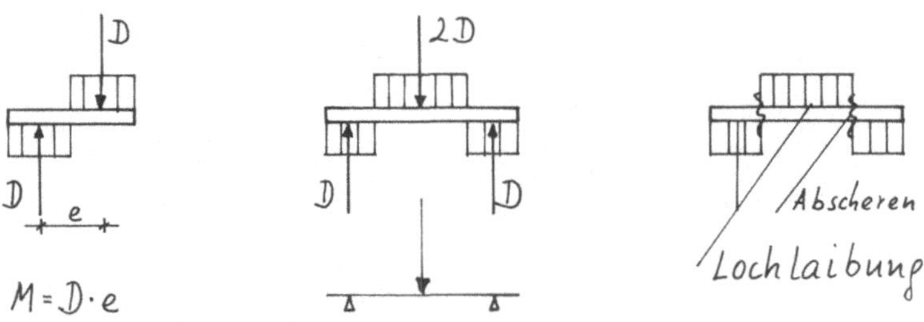

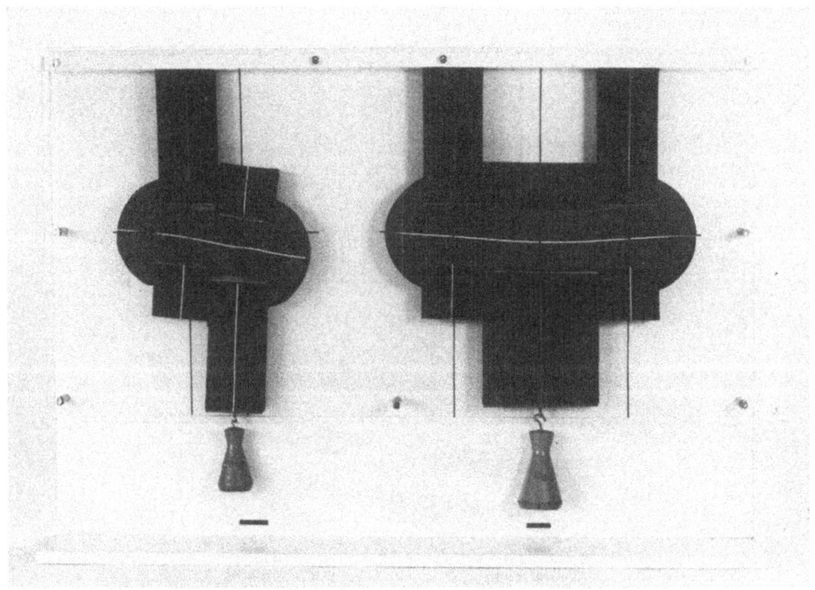

<u>Modell 69:</u>   PROFILSTOSS

<u>Beschreibung:</u> Geschraubter Stoß eines I-Profils.

<u>Demonstration:</u> Anschauliche Darstellung der Kraftübertragung mittels Laschen an Obergurt, Steg und Untergurt über den Stoß hinweg. Anschluß der Laschen mittels Schrauben.

<u>Lehrbereich:</u> Stahlbau.

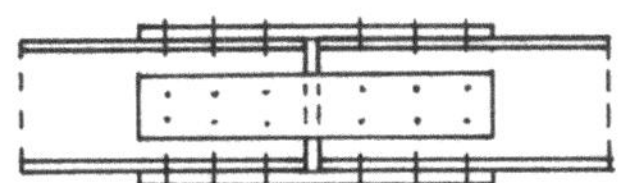 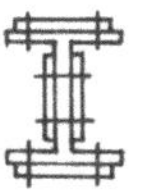

<u>Modelle 70 bis 72:</u>   FACHWERK-KNOTEN

<u>Beschreibung:</u> Stählerne Fachwerk-Knoten mit Knotenblech und Schweiß-, Niet- und Schraubanschluß.

<u>Demonstration:</u> Anschauliche Darstellung der Krafteinleitung im Knoten. Anschlußmöglichkeiten.

<u>Lehrbereich:</u> Stahlbau

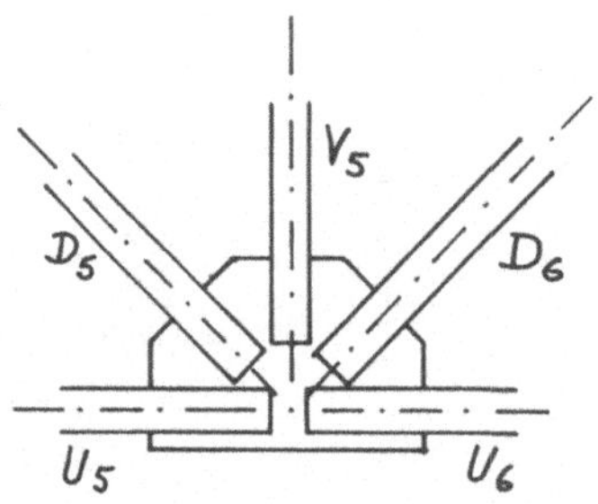

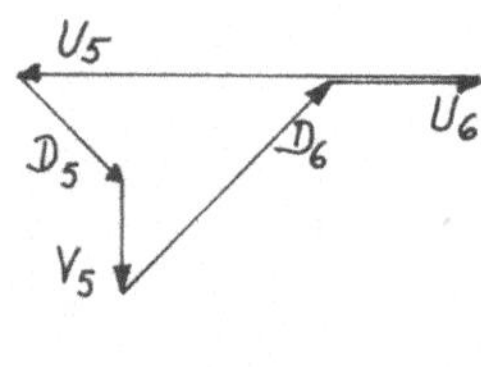

<u>Modelle 73 bis 76:</u>   STAHLVERBINDUNGEN

<u>Beschreibung:</u> Verschiedene typische Verbindungen von Stahlprofilen, z. B. Schweiß-
verbindung von Stahlrohren, Mero-Knoten, Gerüstklemme, Trägeranschluß.

<u>Demonstration:</u> Möglichkeiten von Stahlverbindungen über Schweißen, Schrauben, Klem-
men. Probleme räumlicher Knoten. Probleme der Verbindung von Rohren.

<u>Lehrbereich:</u> Stahlbau

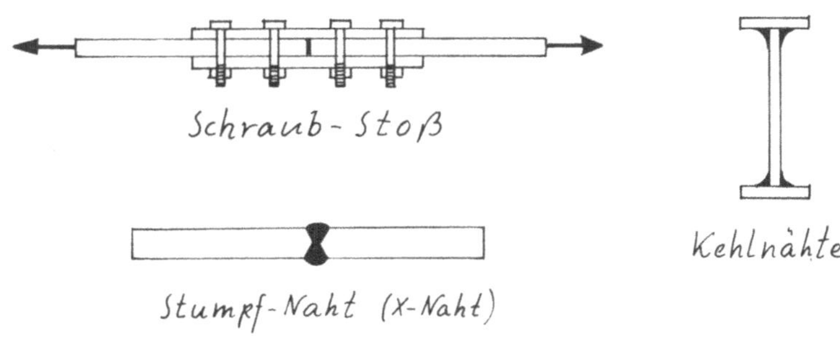

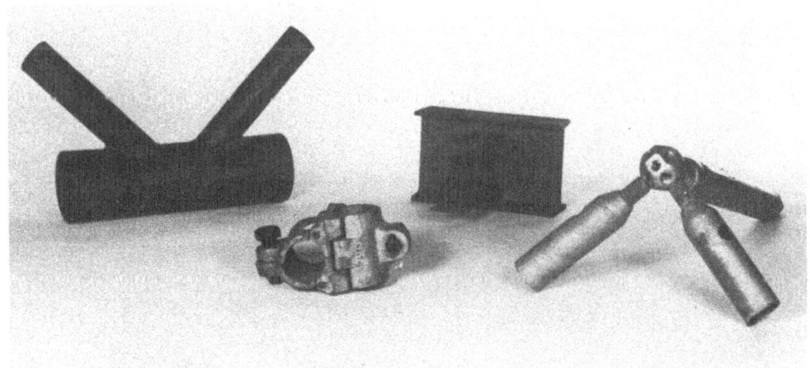

Modelle 77 bis 81:   MÖRTELGRUPPEN; STEINFESTIGKEIT

Beschreibung: Sand, Kalk und Zement maßstäblich entsprechend der Zusammensetzung der Mörtelgruppen I, II und III in Reagenzgläser eingefüllt; Prüfkörper zur Prüfung der Steindruckfestigkeit von Ziegeln im NF im Bruchzustand; gebrochene Steinhälfte nach dem Druckversuch.

Demonstration: Anschauliche und maßstäbliche Zusammensetzung der Mörtelgruppen nach DIN 1053. Bruch des Ziegelsteines unter Druck-Last in der Form sich durchdringender Kegel: Effekt der Querdehnungsbehinderung durch die Druckplatten der Presse analog zum Betonwürfel Modell 85. Deshalb Auswirkung der Form des Prüfkörpers auf die gemessene Druckfestigkeit. Begründung für Formfaktor bei der Steinfestigkeit.

Lehrbereich: Mauerwerksbau; Festigkeitslehre: Querdehnung, Druckfestigkeit.

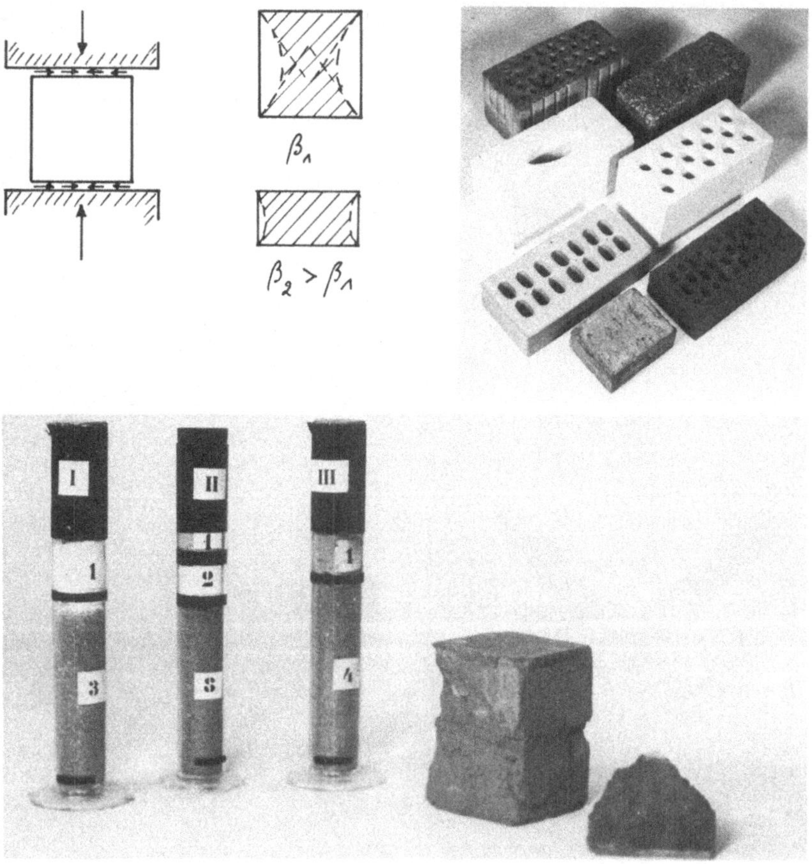

<u>Modell 82:</u>   SCHUBBEANSPRUCHUNG VON MAUERWERK

<u>Beschreibung</u>: Holzklötzchen über Schaumgummistreifen zu Mauerwerk zusammengesetzt und in ein Gelenkviereck eingesetzt. Verleimung der Lagerfugen entspricht Reibungsverbund.

<u>Demonstration</u>: Unter einer Querkraft verzerrt sich das rechteckige Gelenkviereck zum Rhombus. Die horizontalen Schubkräfte in der Lagerfuge verdrehen den Einzelstein, da die Stoßfugen keine Schubspannung übernehmen. Siehe [4]. Als Reaktion zur Aufnahme von M_T stellt sich eine gezahnte Druckspannung in der Lagerfuge ein:
$\sigma = \frac{1}{2} (\sigma_1 + \sigma_2)$.

<u>Lehrbereich</u>: Mauerwerksbau; Festigkeitslehre: Schub.

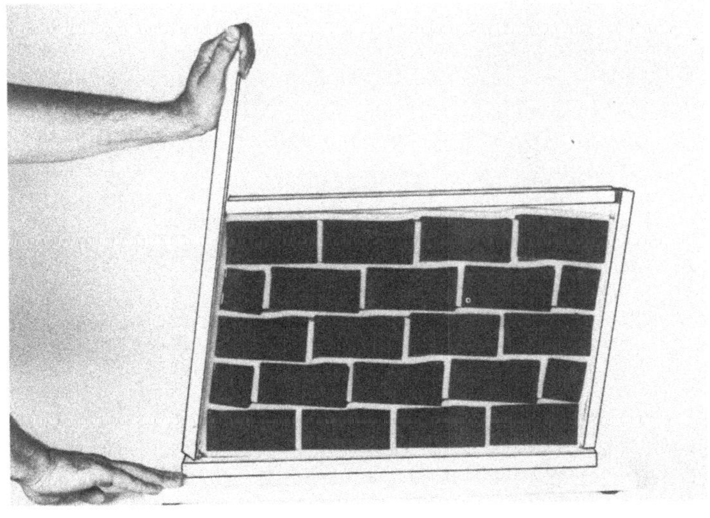

Modell 83:   KREUZWEISE GESPANNTE PLATTEN; ABHEBENDE ECKEN

Beschreibung: Holzkasten als vierseitige Auflagerung. Darauf Federstahlstreifen orthogonal und diagonal, mit Gewicht belastet.

Demonstration: Unter Last müssen alle Streifen, sowohl die orthogonalen als auch die diagonalen, in jedem Punkt gleiche Verformung haben. Lastabtragung in beiden orthogonalen und in den diagonalen Richtungen. Die freien Ecken heben ab, da sich Diagonalen über die kurze Spannrichtung ausbilden, über die senkrecht dazu die lange Diagonale auskragt: häufige Ursache von unangenehmen Rißschäden, insbesondere bei Flachdächern. Abhilfe durch Fugenausbildung, biegesteife Randbalken, eventuell auch Zugverankerung nach unten oder Auflast von oben. Obere und untere Eckbewehrung erforderlich: Hauptmomente, Drillmomente.

Lehrbereich: Mauerwerksbau; Stahlbeton; Tragwerkslehre.

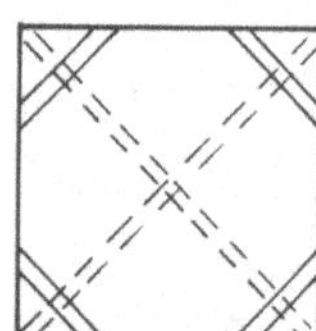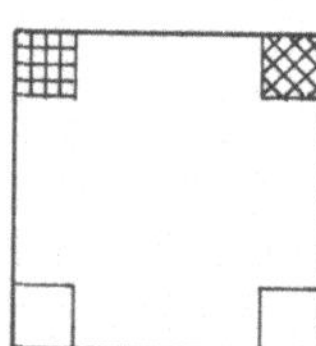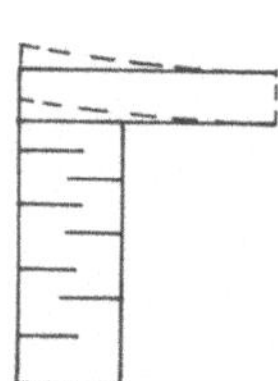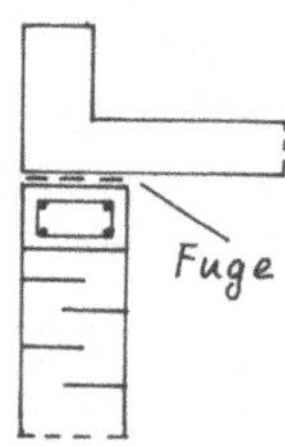

<u>Modell 84:</u>   DREHWINKEL AM DECKENAUFLAGER

<u>Beschreibung:</u> Biegsame Plastikplatte über 2 Linienlager, Belastung durch Gewicht.

<u>Demonstration:</u> Durchbiegung der Platte unter Last; gleichzeitig Tangenten-Drehwinkel am Auflager und Abheben der äußeren Kante bzw. Verdrehung der unteren Steinschicht: häufige unangenehme Schadensursache, wenn wenig Auflast aus oberen Geschossen. Abhilfe: Fugenausbildung, Auflast, steifere Decken, Zentrierung des Deckenauflagers.

<u>Lehrbereich:</u> Mauerwerksbau; Stahlbeton

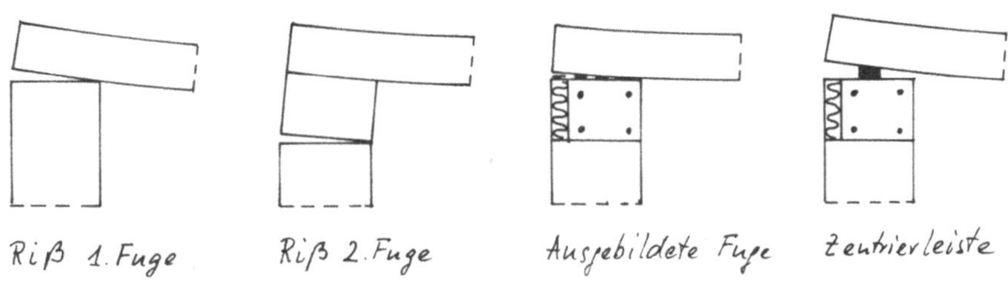

<u>Modelle 85 bis 87:</u>   BETON; ZUSAMMENSETZUNG, PROBEWÜRFEL

<u>Beschreibung:</u> Bestandteile des Betons Sand, Kies, Zement, Wasser maßstäblich in Reagenzglas eingefüllt; Probewürfel im Bruchzustand; Betonkörper aus Kernbohrung.

<u>Demonstration:</u> Anschauliche und maßstäbliche Darstellung der Zusammensetzung von Beton und Erscheinungsbild bei Kernbohrung; Bruch des Probewürfels unter Drucklast in der Form sich durchdringender Kegel: Effekt der Querdehnungsbehinderung durch die Druckplatten der Presse; deshalb Auswirkung der Form des Prüfkörpers auf die gemessene Druckfestigkeit. Unterschied Würfel- und Prismendruckfestigkeit: $\beta_W > \beta_p$.

<u>Lehrbereich:</u> Betonbau; Festigkeitslehre: Druckfestigkeit, Querdehnung.

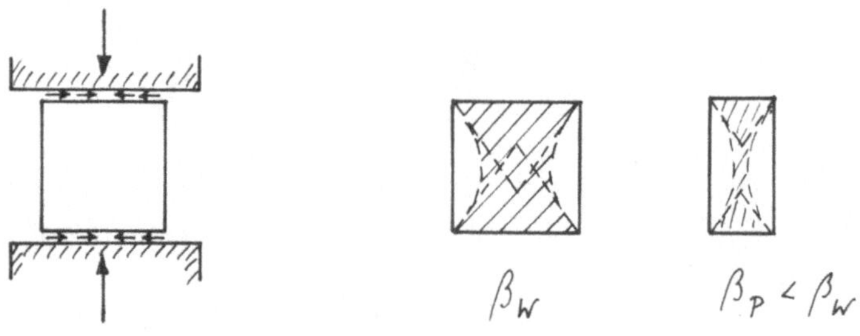

<u>Modell 88:</u>   BEWEHRUNGSSTAHL

<u>Beschreibung:</u> Muster der üblichen Stahlbewehrung für Beton und Mauerwerk: St. I, St. III, BStG, Bewehrungsgitter für Mauerwerk, gerade Stücke und gebogen.

<u>Demonstration:</u> Übliche Bewehrungen, glatte und gerippte Oberfläche, Punktsschweissung bei Gittern, Biegeradien usw.

<u>Lehrbereich:</u> Stahlbeton.

<u>Betonstähle   nach DIN 1045, Tabelle 6 :</u>

Kurzname	BSt 220/340	BSt 420/500	BSt 500/550
Kurzzeichen	St I	St III	St IV (BStG)
β_S [N/mm²]	≥ 220	≥ 420	≥ 500
β_Z [N/mm²]	≥ 340	≥ 500	≥ 550
Oberfläche	glatt	gerippt	gerippt
ϕ mm	5 ÷ 28	6 ÷ 28	4 ÷ 12

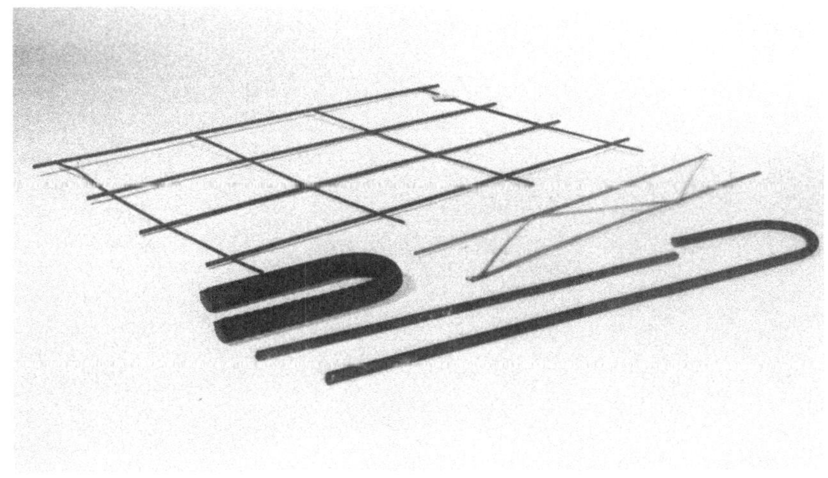

<u>Modell 89:</u>   KORROSION VON BEWEHRUNGSSTAHL

<u>Beschreibung:</u> Stark korrodierte Bewehrungsstähle; Lochfraß.

<u>Demonstration:</u> Gefahr der Korrosion; Flugrost, Lochfraß; Ursachen; Schutzmöglich-
keiten durch basische Atmosphäre des Betons bei ausreichender Betonüberdeckung,
Karbonatisierung; Bewehrung im Mauerwerk; besondere Vorsicht bei Zusatzmitteln
(z. B. Frostschutzmittel) geboten; Tausalz als Gefahrenquelle durch Bildung von
Salzsäure.

<u>Lehrbereich:</u> Stahlbeton.

Modell 90: PRINZIP DES STAHLBETONS

<u>Beschreibung:</u> Schaumgummi-Balken in der Mitte getrennt, am unteren Rand Gummiband. Auf 2 Stützen gelagert, mit Gewicht belastet.

<u>Demonstration:</u> Das Prinzip des Stahlbetons ist anschaulich erkennbar: In der Zugzone klaffende Fuge, entsprechend dem Riß im Beton, Druckzone oberhalb der NullLinie gestaucht. Biegezugkraft durch Gummiband = Bewehrungsstahl aufgenommen.

<u>Lehrbereich:</u> Stahlbeton.

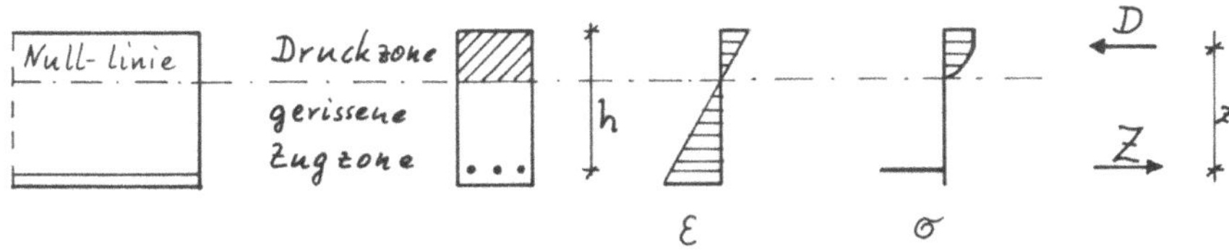

<u>Modell 91</u>:   DRUCKBEWEHRUNG IM BETON

<u>Beschreibung</u>: 3 Schaumgummiteile in Holzrahmen mit Skala. Die beiden seitlichen Gummi-Teile sind austauschbar gegen Schaumgummi steiferer Qualität.

<u>Demonstration</u>: Unter Last drückt sich der Körper um ein gewisses Maß zusammen. Dies entspricht unbewehrtem Beton. Werden die seitlichen Teile gegen steiferen Gummi ausgetauscht und damit die Stahlbewehrung simuliert, ist die Zusammendrückung erkennbar geringer, da die steiferen Seitenteile = Bewehrung einen höheren Lastanteil übernehmen.

<u>Lehrbereich</u>: Stahlbeton

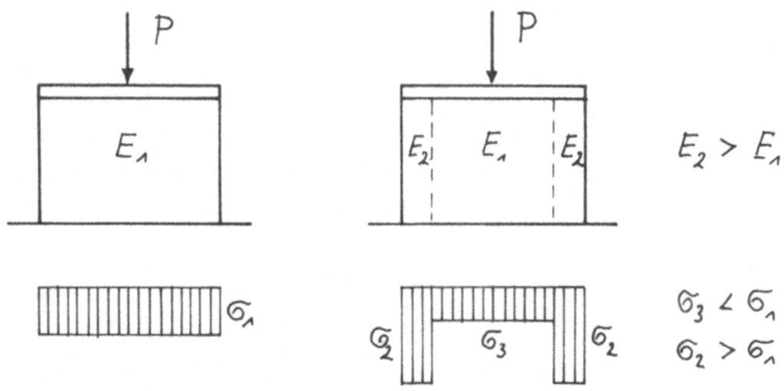

<u>Modell 92:</u>   PLATTENBALKEN; SCHUBBEWEHRUNG

<u>Beschreibung:</u> Schaumgummibalken und dünne Plastik-Platte werden mit Schnüren bügel-
artig verbunden. Lagerung auf 2 Stützen, Belastung durch Gewicht.

<u>Demonstration:</u> Querschnitt wirkt als Plattenbalken: geringe Durchbiegung. Werden
die Schnüre zerschnitten, geht die Plattenbalkenwirkung verloren, und die Durchbiegung vergrößert sich um ein Vielfaches. Bedeutung der Schubbewehrung. Siehe auch
Zimmermanns-Modell Nr. 20.

<u>Lehrbereich:</u> Stahlbeton.

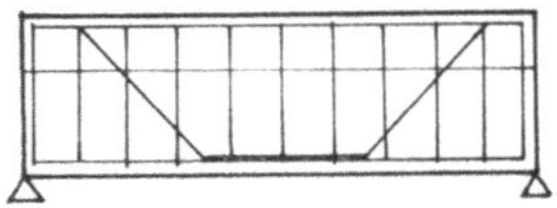 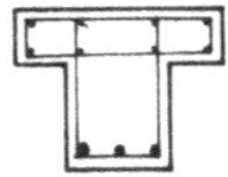 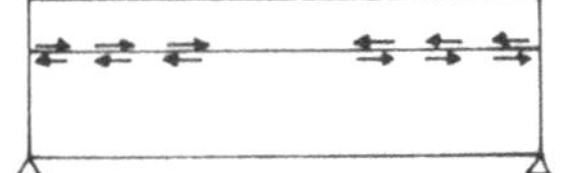

<u>Modell 93:</u>   BALKEN MIT AUSSPARUNG

<u>Beschreibung:</u> Schaumgummi-Balken mit rechteckiger Aussparung und aufgezeichnetem Raster. Auf 2 Stützen gelagert.

<u>Demonstration:</u> Anschauliche Darstellung der Auswirkung von Aussparungen in der Nähe des Auflagers: Die Restquerschnitte über bzw. unter der Aussparung wirken wie 2 Einzelträger, die beidseits eingespannt sind und an den Enden parallel verschoben werden. Die Krümmung der Biegelinie zeigt den Momentenverlauf, im Wendepunkt ist M = 0. Aussparungen im Bereich großer Querkräfte sind unangenehmer als im Bereich großer Biegemomente, da sich Momente als Kräftepaare vom Restquerschnitt leichter aufnehmen lassen.

<u>Lehrbereich:</u> Stahlbeton; Tragwerkslehre.

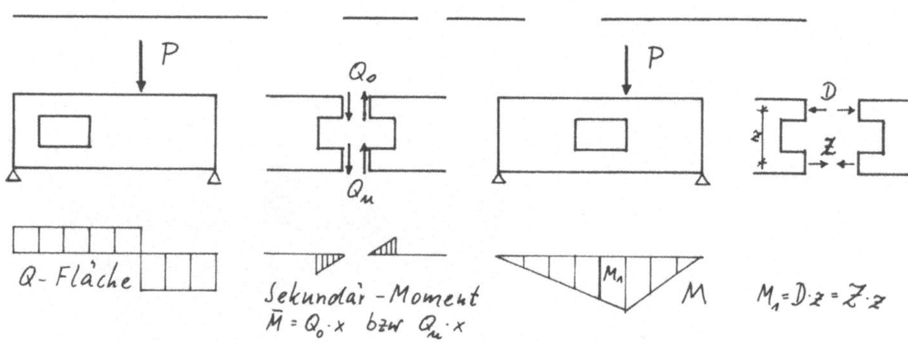

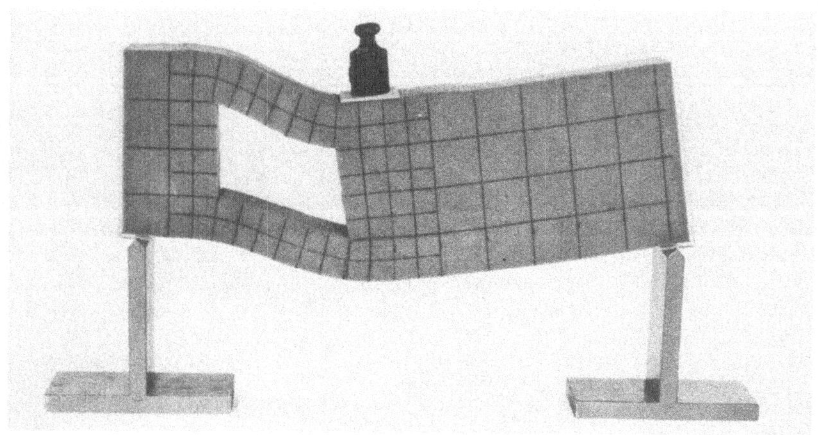

<u>Modell 94:</u>   3- UND 4-SEITIG GELAGERTE PLATTEN

<u>Beschreibung:</u> 3-seitige Lagerung durch Holzrahmen. Darüber Federstahl-Streifen in Richtung der Hauptmomente. 4-seitige Lagerung siehe Modell 83.

<u>Demonstration:</u> Tragfähigkeit 3-seitig gelagerter Platten durch Ausbildung von kurzen diagonal gespannten Trägern; Verankerung der inneren Ecke erforderlich, vgl. abhebende Ecke Modell 83. Drillbewehrung als obere und untere Diagonalbewehrung oder als kreuzweise Bewehrung in den inneren Ecken erforderlich.

<u>Lehrbereich:</u> Stahlbeton

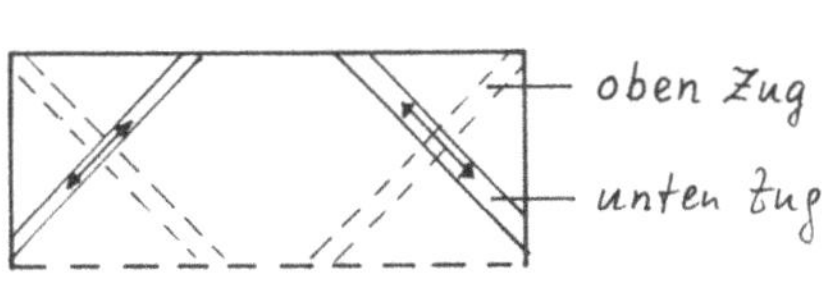

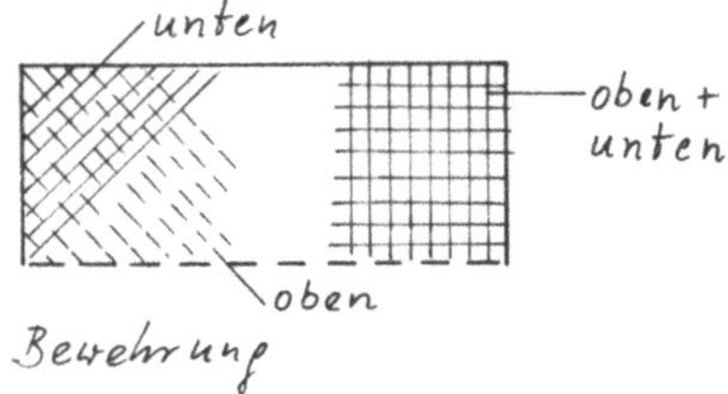

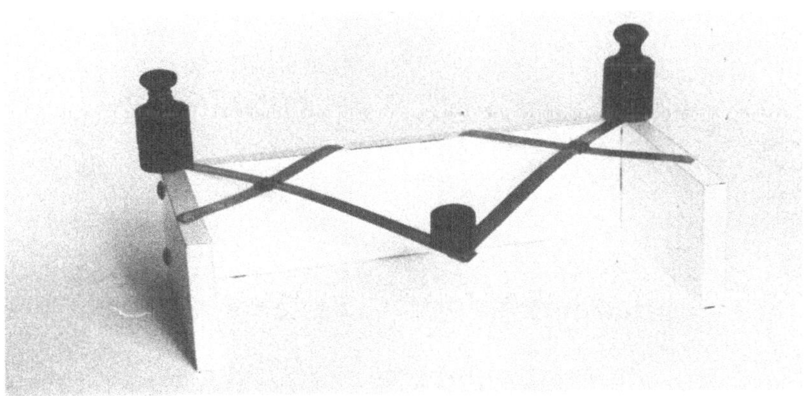

Modell 95:   VORGESPANNTER TRÄGER

<u>Beschreibung:</u> Balken mit Plattenbalkenprofil aus Hartgummi. An der Unterseite ver-
läuft in einer Nut ein Stahldraht, der mittels einer Flügelschraube angespannt werden kann. Feste und bewegliche Lagerung über Stahlprofile auf Holzbrett. Unter-
stützung durch Holzklotz.

<u>Demonstration:</u> Beim Anspannen des Drahtes über die Flügelschraube (Lastfall Vorspan-
nung) hebt der Gummibalken vom Holzklotz ab. Darstellung der Lastfälle Eigengewicht,
Verkehrslast über Gewichte. Gegenüberstellung des Verformungsverhaltens von vorgespanntem und nicht vorgespanntem Träger mit Spannungszuständen. Schwinden und Krie-
chen über Nachlassen der Vorspannung.

<u>Lehrbereich:</u> Spannbeton; Mechanik.

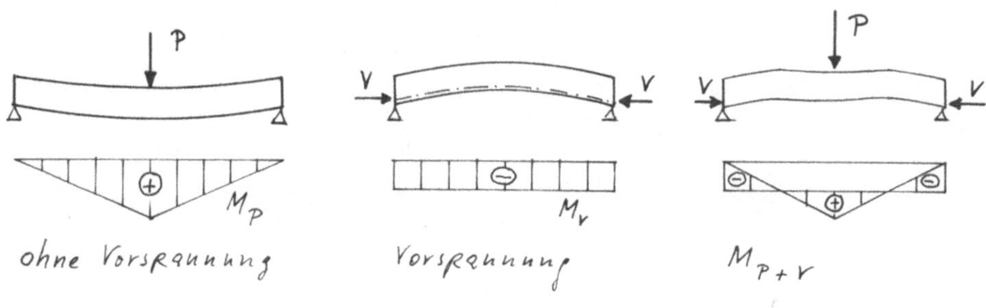

<u>Modell 96:</u>   VORSPANNUNG IM SPANNBETT BZW. MIT NACHTRÄGLICHEM VERBUND

<u>Beschreibung:</u> Balken aus weichem Schaumgummi in hölzernem Widerlager. Davor Gummi-Schnur.

<u>Demonstration:</u> Vorspannung im Spannbett: Die Gummi-Schnur wird gegen die Unterlags-platte gespannt und am Balken arretiert. Sobald die Halterung gegenüber der Unter-lagsplatte gelöst wird, überträgt sich die Kraft auf den Balken und drückt den Bal-ken zusammen. Gleichzeitig verliert die Gummischnur wieder etwas an Spannkraft.
Vorspannung mit nachträglichem Verbund: Die Gummischnur wird unmittelbar gegen den Balken vorgespannt. Der Balken wird während des Vorspannens zusammengedrückt.

<u>Lehrbereich:</u> Spannbeton.

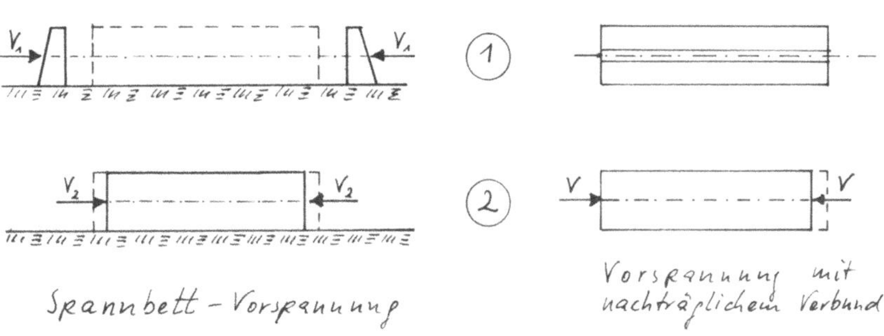

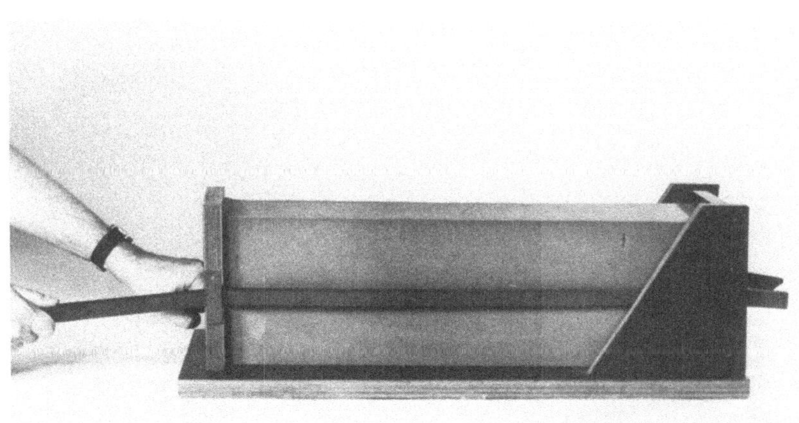

Modell 97: REIBUNGSVERLUSTE

Beschreibung: Holzbalken als 2-Feld-Träger mit ausgefräster Nut entsprechend der Spanngliedführung. In der Nut ist eine Plastikschnur geführt, die einseitig über Federwaage gehalten, auf der anderen Seite über Umlenkrolle und Gewicht gezogen.

Demonstration: Anschauliche Darstellung der Reibungsverluste beim Vorspannen: Nur ein Bruchteil der angehängten Belastung erscheint als Dehnweg an der Federwaage; Der Rest wird durch Reibung aufgenommen. Prinzip der Reibung: Umlenkkräfte, Reibungsbeiwert. Auswirkung auf den Lastfall Vorspannung: Ungleiche Vorspannkräfte in den verschiedenen Schnitten. Auswirkung auf Spanngliedführung: Möglichst geringe Umlenkwinkel; Zwischenspannpunkte, z. B. an Lisenen bei Behältern.

Lehrbereich: Spannbeton; Mechanik.

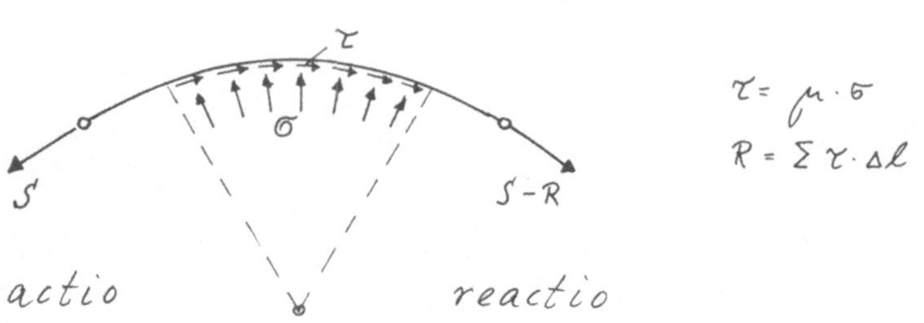

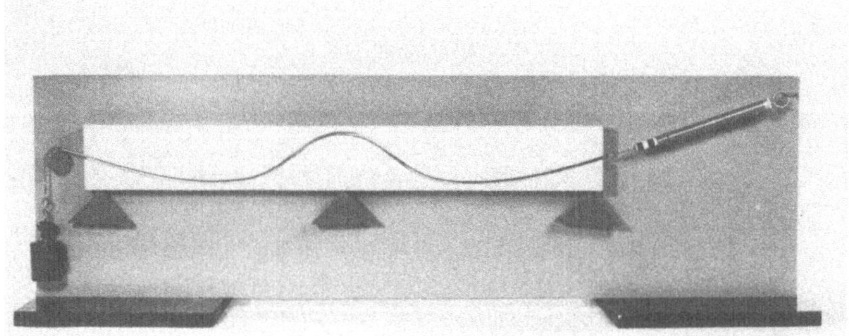

Modell 98:   SPALTZUGKRÄFTE

<u>Beschreibung:</u> Quader mit aufgesetztem Kegelstumpf aus Karton. Die vertikalen Kanten sind nicht verklebt. Umfassung mit Schnur.

<u>Demonstration:</u> Unter Belastung klaffen die vertikalen Ecken und wollen auseinanderbrechen, da die Kräfte in den geneigten Ebenen nach außen drücken: Spaltzugkräfte. Gleichgewicht und Tragfähigkeit nur durch Umfassung mit Schnur: Entspricht Rißbildung im Stahlbeton und Spaltzugbewehrung. Anwendung bei allen punktförmig eingetragenen Lasten, insbesondere bei Lagern und bei Spanngliedverankerungen.

<u>Lehrbereich:</u> Spannbeton, Stahlbeton.

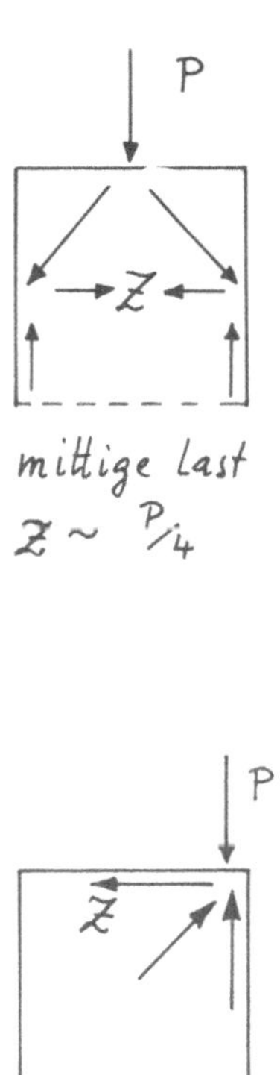

mittige Last
$Z \sim P/4$

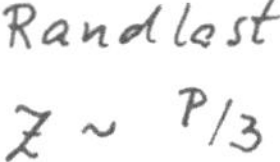

Randlast
$Z \sim P/3$

Modell 99: SPANNGLIED-VERANKERUNGEN

<u>Beschreibung</u>: Modelle verschiedener gebräuchlicher Verankerungsverfahren.

<u>Demonstration</u>: Verankerung durch Keile, Klemmwirkung, Schraubmuttern usw.; Elemente zur Aufnahme der Spaltzugkräfte; Koppelverankerung; Hüllrohre; Injizierverfahren.

<u>Lehrbereich</u>: Spannbeton

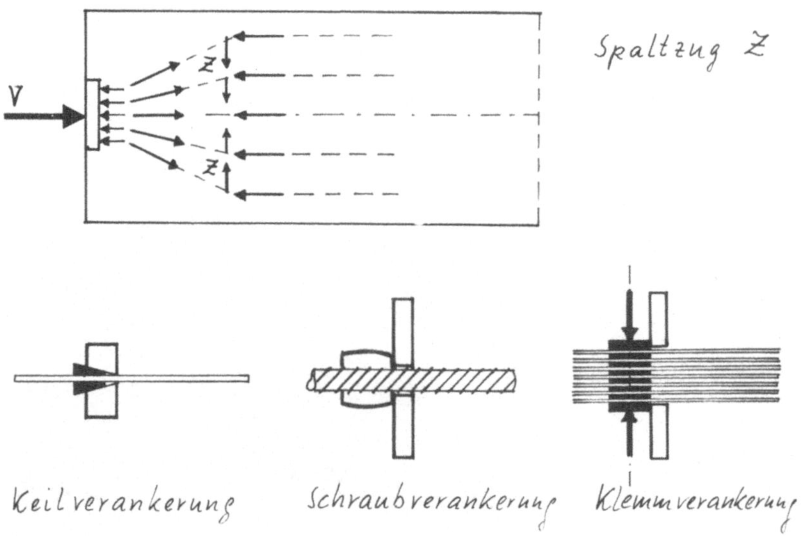

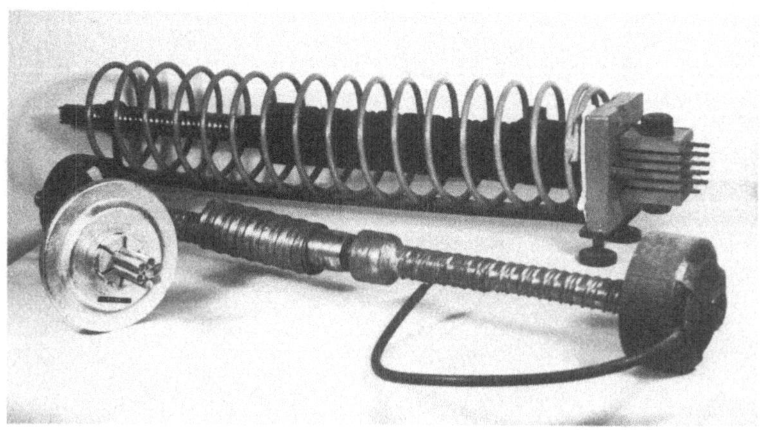

<u>Modell 100:</u> BODENARTEN

<u>Beschreibung:</u> Proben der verschiedensten Bodenarten.

<u>Demonstration:</u> Gewinnung der Proben; Prüfmethoden; Unterschiede im Erscheinungs-
bild und in den statisch bedeutsamen Kennwerten der Bodenarten, z. B. spezifisches
Gewicht, Kohäsion, innerer Reibungswinkel, Korngröße, Feuchtegehalt usw.

<u>Lehrbereich:</u> Grundbau.

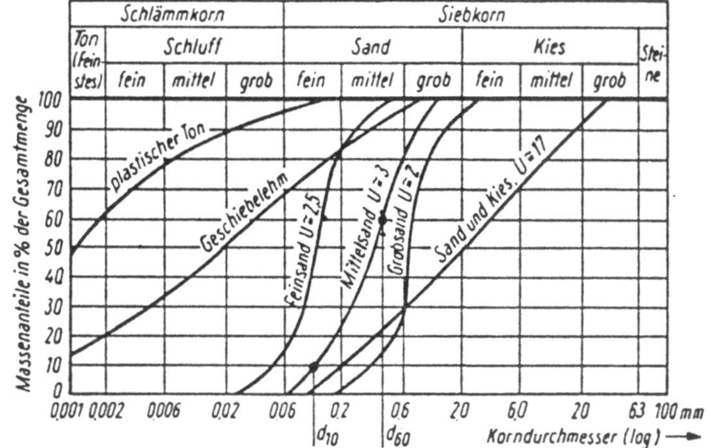

<u>Modell 101:</u>   ERDDRUCK

<u>Beschreibung:</u> Sand unterschiedlicher Farbe wird in horiżontalen Lagen in einen Kasten eingefüllt. Vordere Kastenwand aus Plexiglas. Linke Stützwand durch unteres Scharnier verdrehbar.

<u>Demonstration:</u> Die vorerst vertikale Stützwand wird um den Fußpunkt verdreht; der Sand rutscht nach; erkennbar ist die Coulomb'sche Gleitebene, deren Neigung nicht der Böschungsneigung entspricht; der abgleitende Keil kann nur im Gleichgewicht stehen, wenn die Stützwand eine abstützende Horizontalkraft = aktiver Erddruck aufnimmt. Durch Rückdrehen der Stützwand kann passiver Erddruck demonstriert werden.

<u>Lehrbereich:</u> Grundbau.

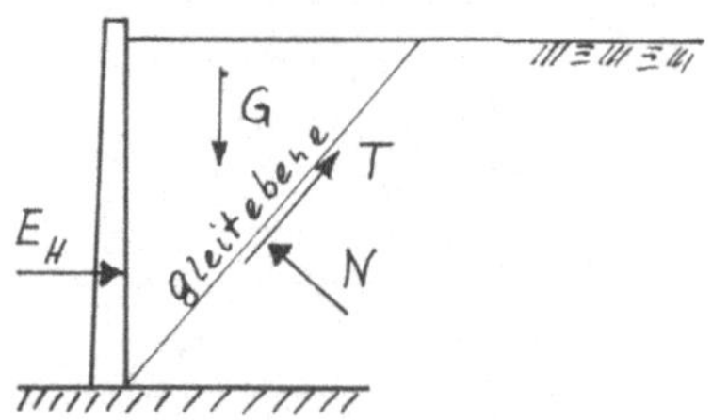

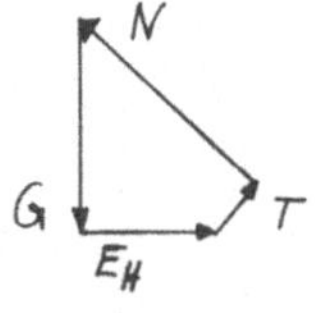

Kräfte am Gleitkeil   Gleichgewicht am Gleitkeil

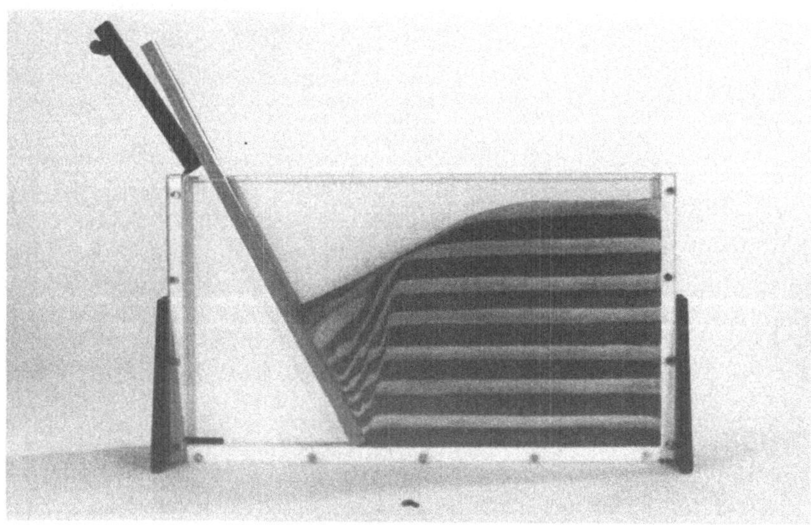

<u>Modell 102:</u>   SPUNDWANDPROFILE

<u>Beschreibung:</u> Abschnitte von verschiedenen Spundwandprofilen.

<u>Demonstration:</u> Prinzip der Spundwand, Biegebeanspruchung, Trägheits- und Widerstandsmoment der Spundwandprofile.

<u>Lehrbereich:</u> Grundbau

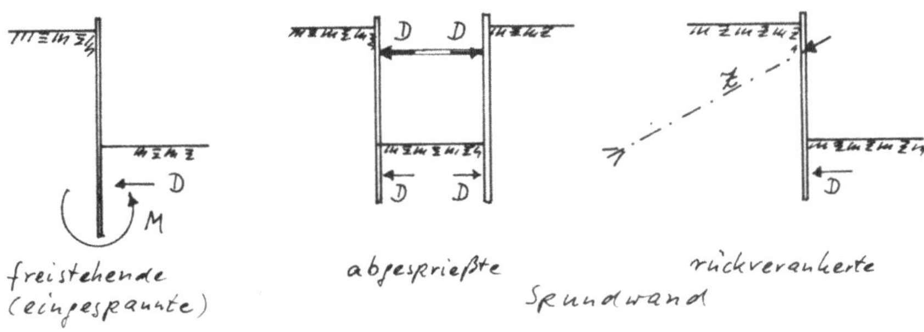

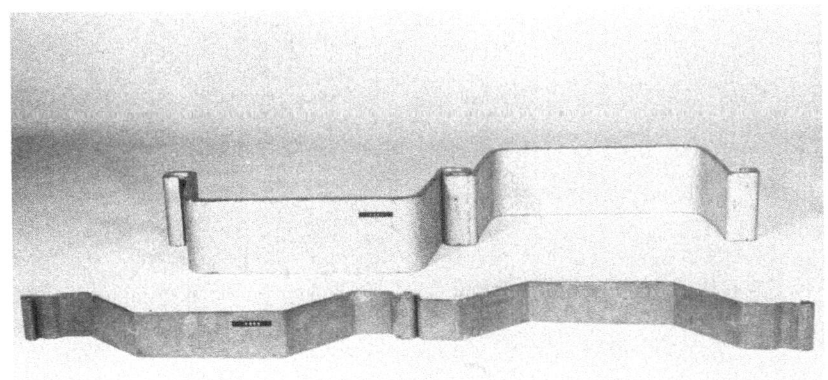

<u>Modell 103:</u> BERLINER VERBAU

<u>Beschreibung:</u> Ausschnitt aus Berliner Verbau in kleinem Maßstab: Rundholzstücke zwischen Stahlprofilen.

<u>Demonstration:</u> Elemente des Berliner Verbaues, Herstellung und Wirkungsweise bei Baugrubenumschließung.

<u>Lehrbereich:</u> Grundbau.

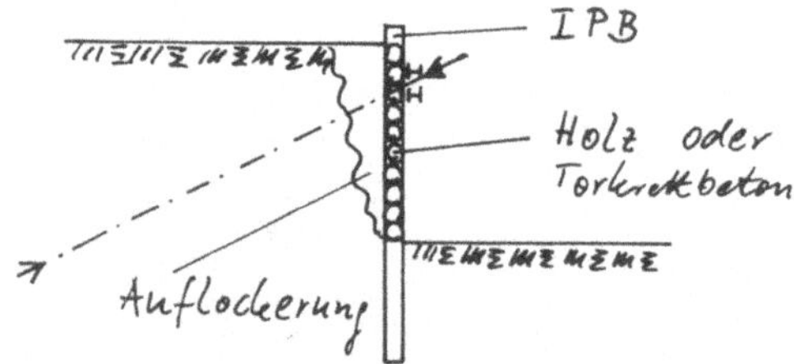

Rückverankerter Verbau

Modell 104: FUGENBÄNDER

<u>Beschreibung:</u> Muster der verschiedenen handelsüblichen Fugenbänder; Kreuzungspunkte.

<u>Demonstration:</u> Prinzip der Fugenbänder, vergrößerte Umläufigkeit für Wasser, Dehnfähigkeit in der Fuge. Problem Kreuzungspunkt. Schadensmöglichkeit durch Beschädigung.

<u>Lehrbereich:</u> Grundbau

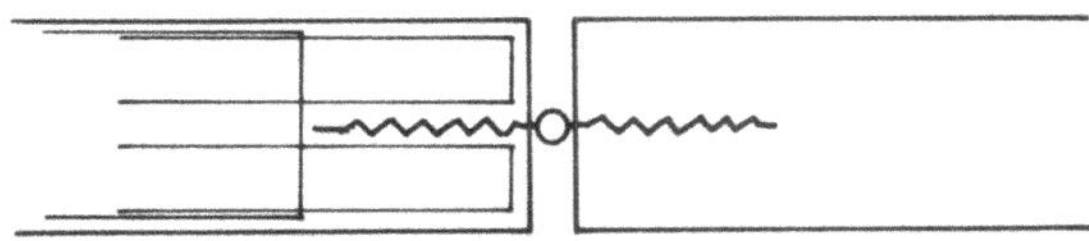

Bewehrungsführung am Fugenband

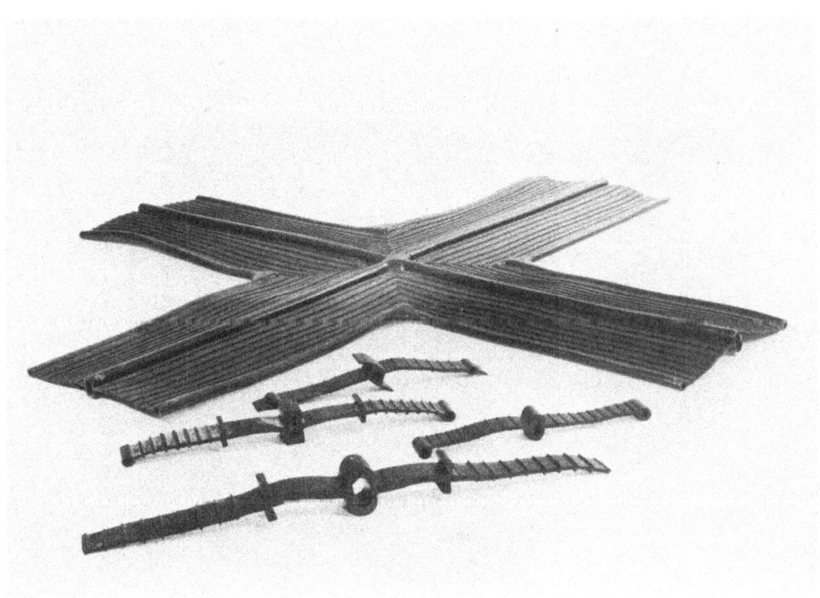

Modell 105:   GRUNDWASSERWANNE

<u>Beschreibung:</u> Wannenausschnitt mit aufgeklebter mehrlagiger Isolierung und einge-
klebtem Riffelblech.

<u>Demonstration:</u> Mehrlagigkeit der Isolierung, Überlappung der Lagen, Ausrundung von
Kehlen, Verstärkung durch eingeklebtes Riffelblech. Prinzip der Grundwasserwanne:
Schwarze oder weiße Wanne? Möglichkeit von Fehlstellen, Reparatur und Schutz.

<u>Lehrbereich:</u> Grundbau.

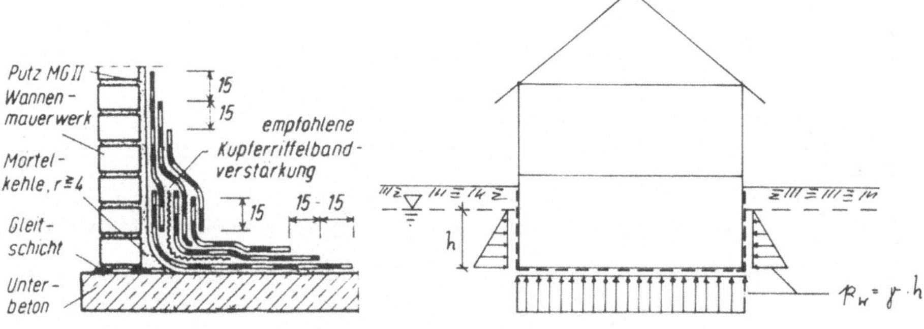

III Anschauungsmodelle
vorwiegend für
Tragwerke und Konstruktionen

Modelle 106 bis 109:   LAGERARTEN

Beschreibung: Modelle üblicher Lager: Rollenlager, bewehrtes und unbewehrtes Neoprene-Lager, Teflon-Lager usw.

Demonstration: Ideale und reale Ausbildung von Lagern, Wirkungsweise, Drehwinkel und Verschiebungen.

Lehrbereich: Tragwerkslehre; Statik.

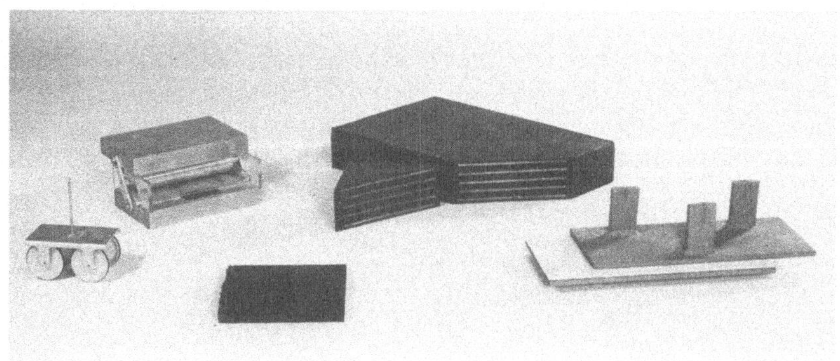

<u>Modell 110:</u> FEDERSKELETT - AUSSTEIFUNG

<u>Beschreibung:</u> Skelettbau, nachgeahmt durch Stahlfedern, die in Holzwürfel eingelassen sind, so daß steife Knoten entstehen. Die vertikalen und horizontalen Felder können durch hölzerne Scheiben beliebig ausgesteift werden.

<u>Demonstration:</u> Durch Fingerdruck zeigen die weichen Stahlfedern das Verformungsverhalten ohne aussteifende Scheiben. In gleicher Weise ist die aussteifende Wirkung der einzelnen Scheiben zu zeigen. Ein Skelett ist nur dann ausgesteift, wenn alle Geschoßdecken und mindestens 3 vertikale Felder als Scheiben ausgebildet sind. Im Bild ist das Untergeschoß steif, während das Obergeschoß trotz dreier Wandscheiben wegen der fehlenden Dachscheibe verschieblich ist. Siehe z. B. auch [3].

<u>Lehrbereich:</u> Tragwerkslehre.

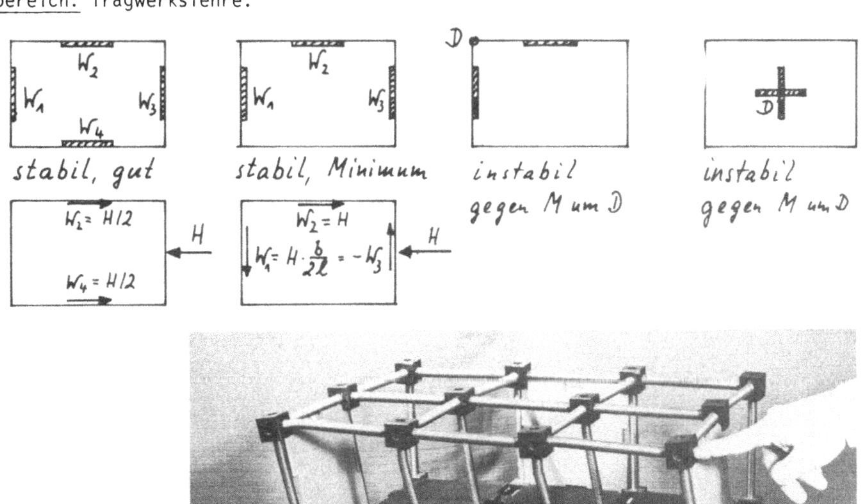

<u>Modell 111:</u>   UNTERSPANNTER TRÄGER

<u>Beschreibung:</u> Beidseits gelagerte weiche Holzlatte vor Holzscheibe. Auswechselbare Unterspannung mit weicher Gummischnur oder mit steifem Kunststoff-Faden.

<u>Demonstration:</u> Die Durchbiegung des Balkens wird durch Unterspannung wesentlich verringert. Dieser Effekt ist abhängig vom Verhältnis der Biegesteifigkeit des Balkens zur Dehnsteifigkeit der Unterspannung: Die weiche Gummischnur hat geringere Wirkung als steifer Plastikfaden. Unsymmetrische Belastungen können nur teilweise durch die Unterspannung aufgenommen werden, nämlich im Stützlinien-Anteil; der Rest beansprucht die Biegesteifigkeit des Balkens.

<u>Lehrbereich:</u> Tragwerkslehre; Statik.

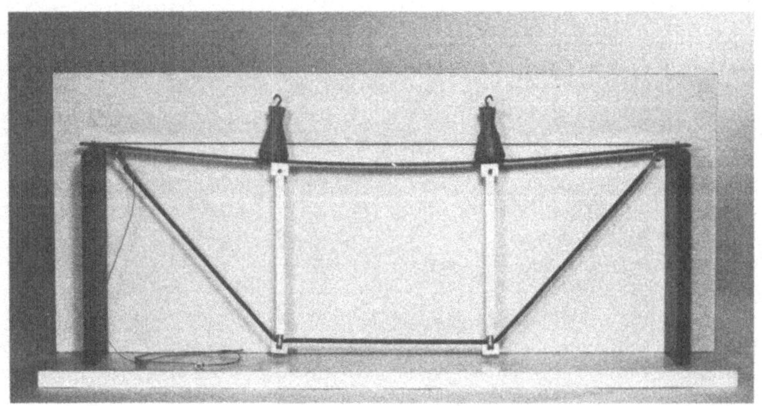

<u>Modell 112:</u> VIERENDEEL-TRÄGER oder RAHMENTRÄGER

<u>Beschreibung:</u> 2 halbe Träger aus Holzleisten vor einem Holzbrett. Die Pfosten-
Hälften können durch aufgeklemmte Stahl-Laschen verbunden werden.

<u>Demonstration:</u> Wirkungsweise des Rahmenträgers: Durch Aufschneiden der Pfosten in
halber Höhe entstehen 2 statisch bestimmte Träger. Unter Belastung verschieben sich
die Schnittufer. Statisch überzählige Kräfte in den Schnittufern machen die Verformungen verträglich, gleichzeitig reduziert sich die Durchbiegung: Das System wird
steifer. Voraussetzung: biegesteife Ecken.

<u>Lehrbereich:</u> Statik; Stahlbau; Stahlbetonbau; Tragwerkslehre.

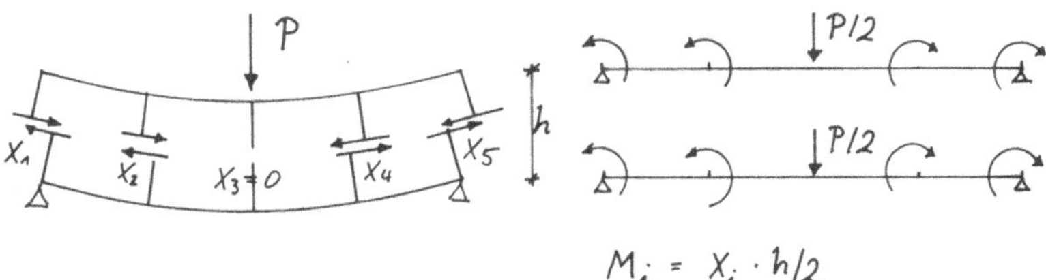

$$M_i = X_i \cdot h/2$$

Modell 113:   ABGESPANNTES HÄNGEDACH

Beschreibung: Hängeseile in Längsrichtung als Hängedach, in Querrichtung darübergelegte Seile als Abspannung.

Demonstration: Versteifende Wirkung durch Abspannung. Ohne Abspannung bewirkt jede Last große Verformung des belasteten Seiles. Mit Abspannung Behinderung der Seilverformungen durch Kraftausgleich in Querrichtung. Wesentlich: Innenraum frei von Abspannung. Vergleiche Modell 209 mit Unterspannung.

Lehrbereich: Tragwerkslehre, Hängedächer.

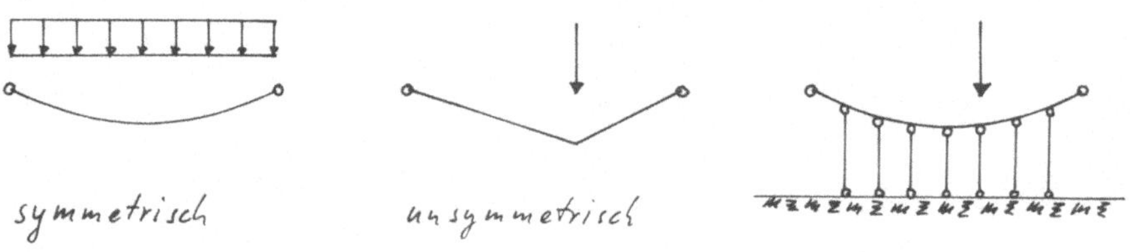

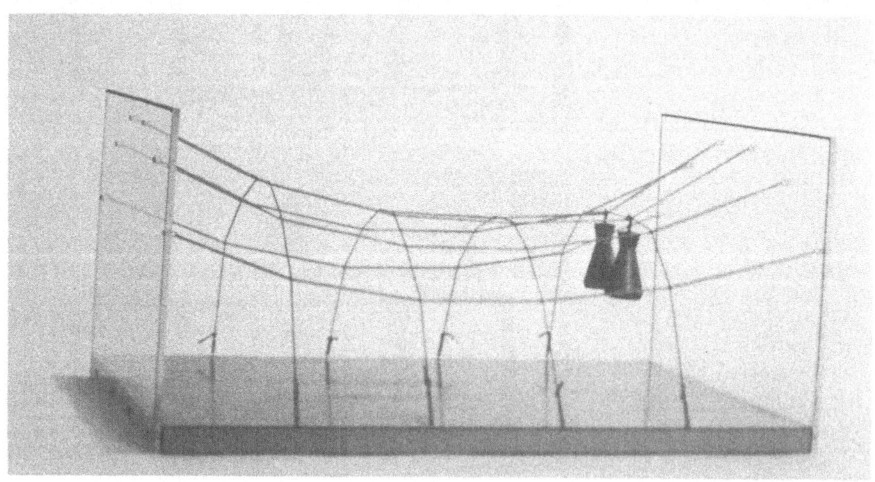

Modell 114: HÄNGEDACH MIT UNTERSPANNUNG

Beschreibung: Kette vor Holztafel; Unterspannung mit Plastikschnur.

Demonstration: Ohne Unterspannung stellt sich unter Eigengewicht die Kettenlinie ein. Unsymmetrische Belastung, z. B. aus Schnee oder Wind, erzeugt eine unsymmetrische Hängelinie (Stützlinie) mit vertikalen und horizontalen Verformungen. Eine Unterspannung kann diese Verformungen verhindern bzw. verringern.

Lehrbereich: Tragwerkslehre; Statik.

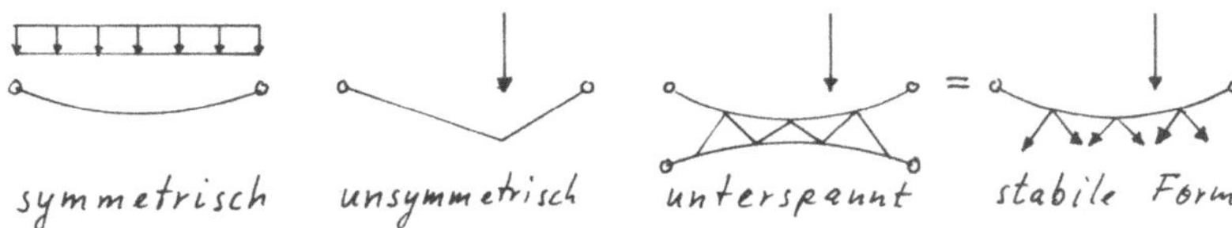

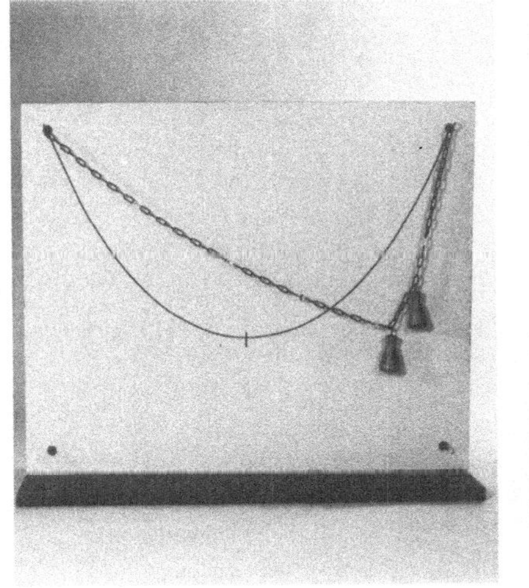
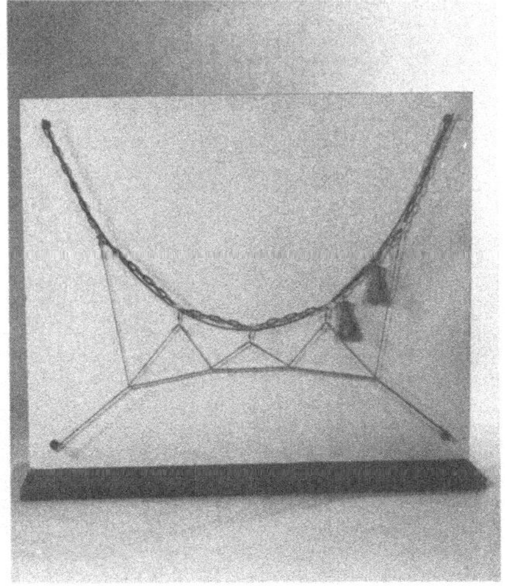

Modell 115: HÄNGESCHALE

<u>Beschreibung:</u> Kunststoff-Folie als Hängedach über Kasten aus Plexiglas. Tangentialer Folienanschluß an den Rändern durch Aufkantungen mit Langlöchern und Bolzen.

<u>Demonstration:</u> Ohne seitliche tangentiale Halterung starke Verformung der Folie bei beliebiger Belastung. Bei tangentialer Fixierung der Folienränder treten unter Last keine Verformungen auf. Anwendung: Stabilisierung von Hängedächern durch schubsteife Ausbildung der Dachfläche und schubsteifen Anschluß an den Rand: Hängeseile werden zur Hängeschale.

<u>Lehrbereich:</u> Tragwerkslehre; Flächentragwerke.

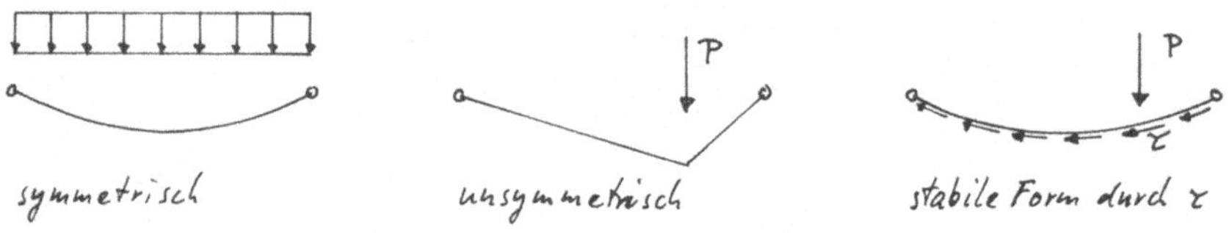

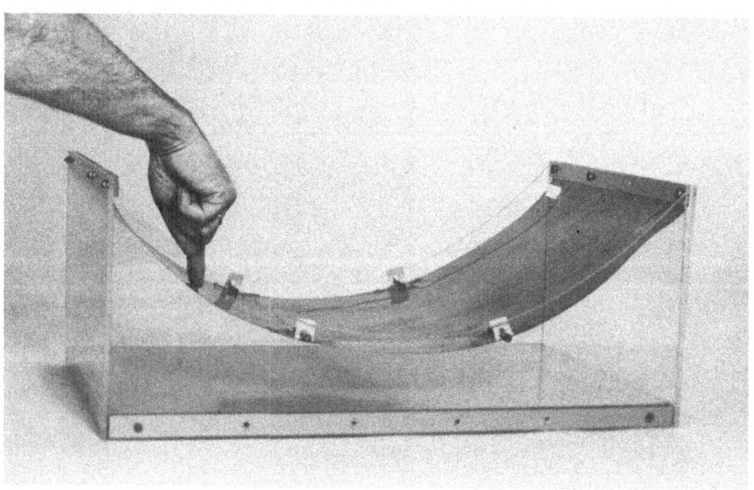

<u>Modell 116:</u>   FALTWERK

<u>Beschreibung:</u> Gefaltete Plastikfolie auf Lagerstreifen, mit und ohne Randschott.

<u>Demonstration:</u> Aussteifende Wirkung des Randschottes: mit Schott hohe Steifigkeit, ohne Schott Verbiegung des dünnen Querschnitts und Verlust der Tragfähigkeit. Gilt in gleicher Weise für Tonnenschalen.

<u>Lehrbereich:</u> Tragwerkslehre; Flächentragwerke.

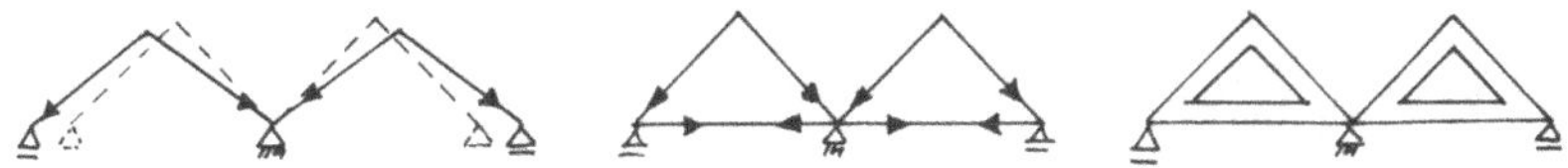

Modell 117:   TREPPE ALS FALTWERK

Beschreibung: Auskragende Podesttreppe aus Karton.

Demonstration: Unter Last zeigt die Konstruktion trotz des dünnen und weichen Kartons hohe Steifigkeit, da sich Faltwerkwirkung einstellt.

Lehrbereich: Tragwerkslehre.

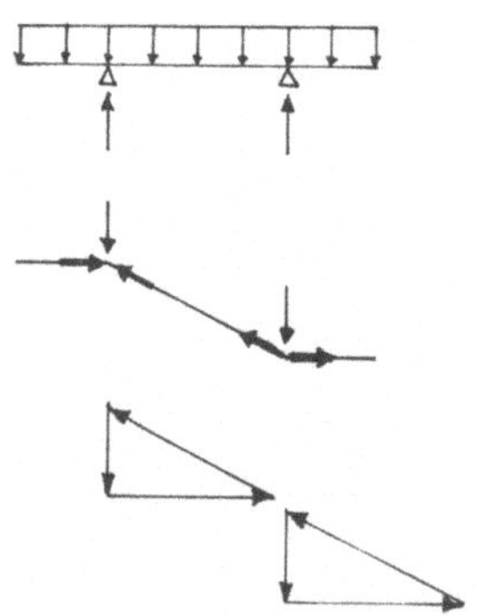

<u>Modelle 118 und 119:</u>   SCHALENTRAGWIRKUNG

<u>Beschreibung:</u> 2 geometrisch gleiche Halbkugeln aus PVC-Segmenten, auf einer Kugel
zusätzlich aufgeklebte Ringe.

<u>Demonstration:</u> Unterschied zwischen der Summe von Bögen und einer Schale: Ohne Ringe
verbiegen sich die einzelnen Segmente und weichen nach außen aus. Infolge des grös-
ser gewordenen Durchmessers kommt es zu Klaffungen zwischen den Segmenträndern.
Werden diese Klaffungen durch die aufgeklebten Ringe verhindert, vervielfacht sich
die aufnehmbare Last: Aus ebenem Bogentragwerk wird räumliches Schalentragwerk.
Zur Aufnahme der Ringkräfte wird Ringbewehrung angeordnet. Hohe Tragfähigkeit von
Kuppeln bei geringster Wanddicke. Versagen durch Schalenbeulen.

<u>Lehrbereich:</u> Tragwerkslehre; Schalen.

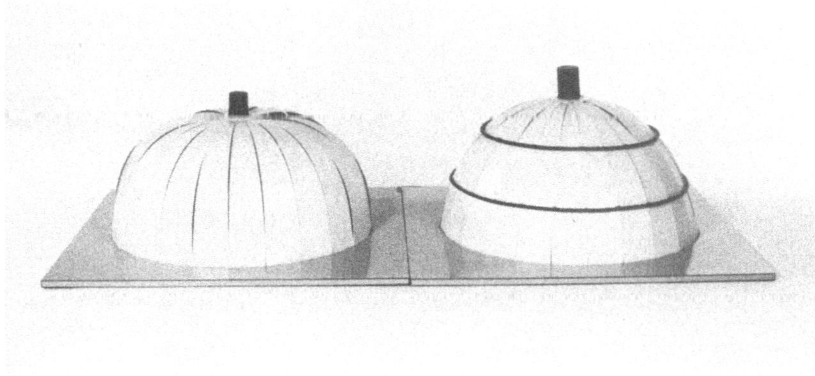

Modell 120: KUGELSCHALE

Beschreibung: Halbkugel aus Plexiglas, in einem Ringbereich durch Stäbe ersetzt.

Demonstration: Lastabtragung über Meridiankräfte, Ringkräfte und Schubspannungen. Große Tragfähigkeit bei geringer Wanddicke durch räumliche Tragwirkung. Siehe auch Modell 119.

Lehrbereich: Tragwerkslehre; Schalen.

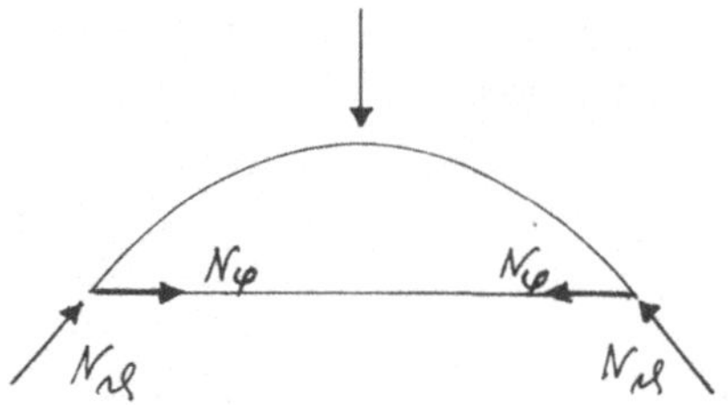

Modell 121: LAGERUNG VON TONNENSCHALEN

<u>Beschreibung:</u> Tonnenschale aus Plexiglas, am Auflager über tangential gespannte Fäden gehalten.

<u>Demonstration:</u> Die Belastung wird über tangential gerichtete Schubspannungen gehalten. Deshalb Randaussteifung in Form eines Schottes oder eines Rahmens oder einer Schalenverstärkung erforderlich.

<u>Lehrbereich:</u> Tragwerkslehre; Schalen.

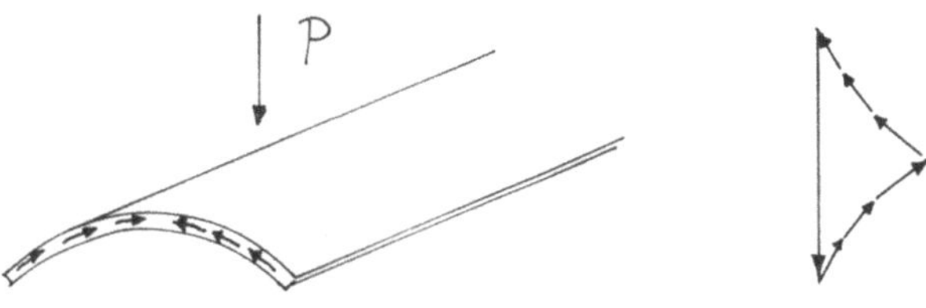

Modelle 122 und 123:   SCHALEN-DURCHDRINGUNG

Beschreibung: Modelle aus PVC-Folie: Durchdringung von Zylinderschalen.

Demonstration: Hohe räumliche Steifigkeit und Tragfähigkeit trotz dünner Folie. Aussteifung durch Grat bzw. Kehle in den Durchdringungskanten.

Lehrbereich: Tragwerkslehre, Schalen

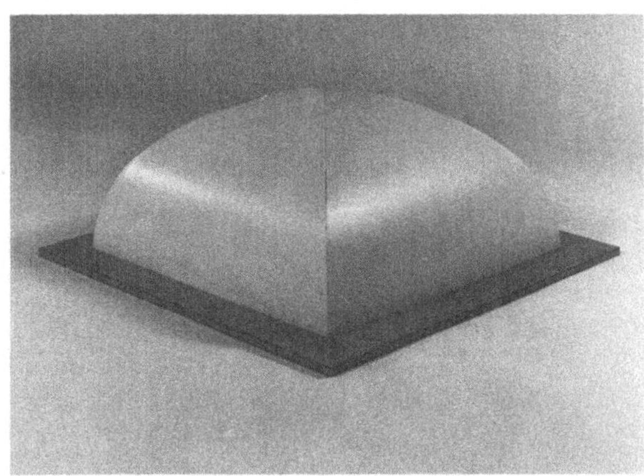

<u>Modell 124:</u>   KURZE SCHALE

<u>Beschreibung:</u> Modell einer kurzen Schale mit Randaussteifung aus PVC-Folie.

<u>Demonstration:</u> Große räumliche Steifigkeit und Tragfähigkeit trotz dünner Folie. Aussteifung durch Randträger erforderlich. Tragwirkung: Schubkräfte zwischen Randträger und Schale.

<u>Lehrbereich:</u> Tragwerkslehre; Schalen.

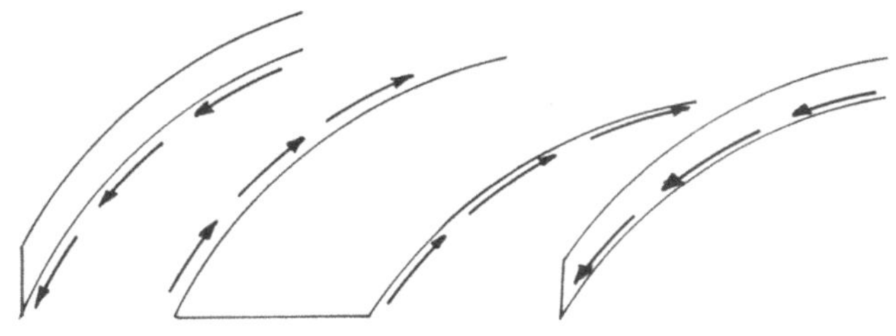

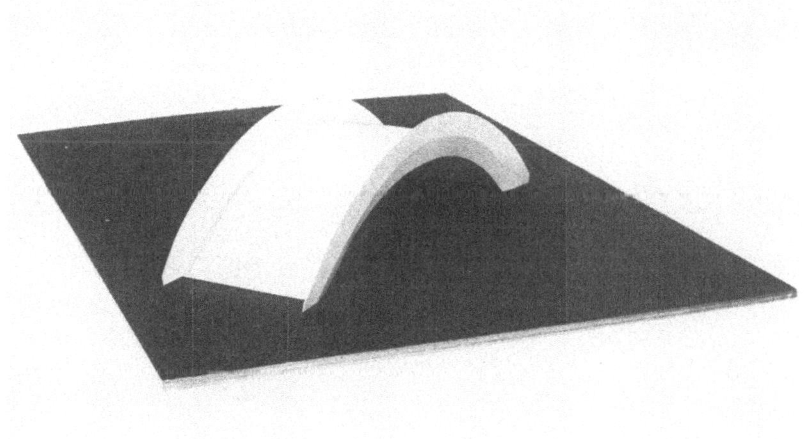

Modell 125: HP-SCHALE

Beschreibung: Geleimte Lamellen in der Form einer HP-Schale. Geradenpaare als Erzeugende durch gekreuzte Fäden dargestellt.

Demonstration: Geometrie der HP-Schale: Querschnitt = Parabel, Längsschnitt Kreis, Horizontalschnitt Hyperbeln, Diagonale Geraden. Durch die Geraden ist Spannbett-Vorspannung möglich, eventuell auch Vorteil bei der Schalung. Durch Druck auf die Schale ist Querschnittsverformung erkennbar und Querbiegemomente erklärlich.

Lehrbereich: Tragwerkslehre; Schalen.

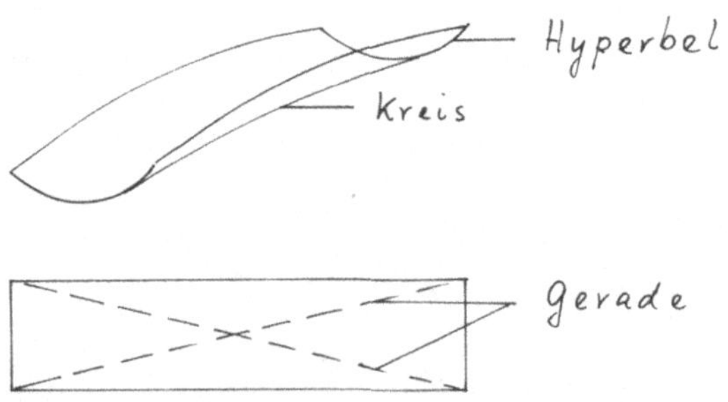

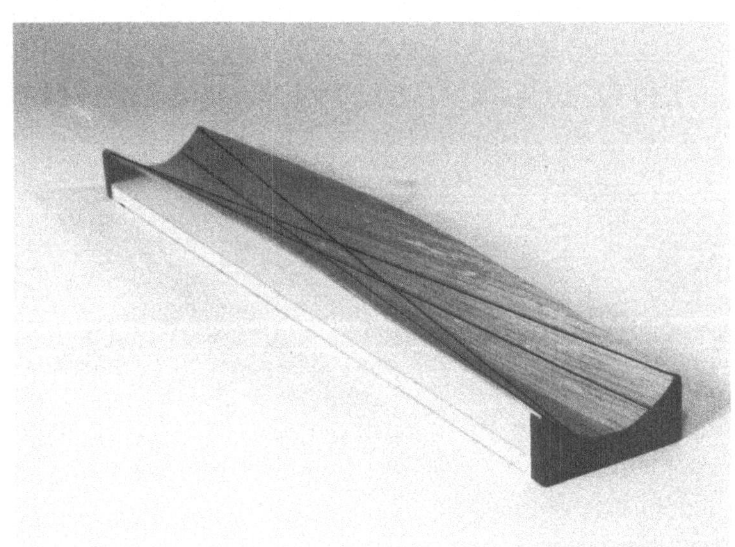

Modell 126: STATISCH SINNVOLLE FORMGEBUNG

Beschreibung: Holzmodelle als 3-Gelenk-Rahmen mit ausgerundeter Rahmenecke, Querschnittshöhe der M-Fläche angepaßt.

Demonstration: Statisch sinnvolle Formen ergeben sich in der Regel durch Anpassung der Querschnittshöhe an die M-Fläche, da die Größe des Biegemomentes meistens für die Bemessung maßgebend ist. Vgl. Modell 48. Zur Gewichtsersparnis Auflösung zum Fachwerk möglich. Durch Ausrundung der Ecken Übergang von Rahmen zu Bogen.

Lehrbereich: Statik; Tragwerkslehre.

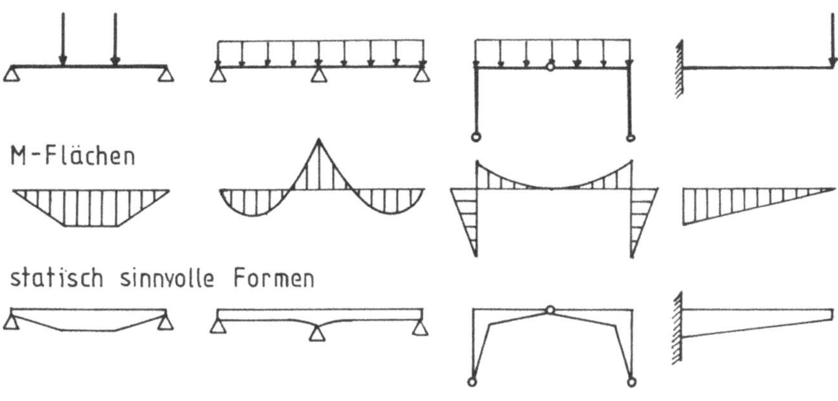

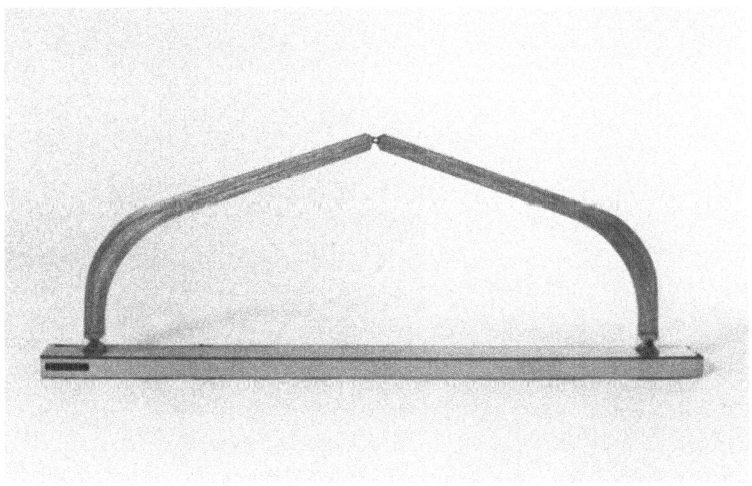

<u>Modell 127:</u> ERDBEBEN-WIRKUNG

<u>Beschreibung:</u> Beschichtete Platte, auf der eine zweite Platte mit geringer Reibung aufliegt und über 4 Federn horizontal elastisch gehalten ist. Ein fallendes Gewicht überträgt mittels einer umgelenkten Schnur eine horizontale Beschleunigung auf die obere Platte, die über die Federn in Schwingung gerät.

<u>Demonstration:</u> Auf der oberen Platte, deren Oberfläche zur besseren Schubübertragung aufgerauht ist, werden Schwingkörper unterschiedlicher Masse oder Gebäude oder Bauteile aufgebaut und deren Verhalten bei einem Erdbebenstoß demonstriert. Über die Fallhöhe des Gewichtes ist die Intensität des Stoßes regulierbar. Nach Gesetz von Newton: (Kraft = Masse x Beschleunigung) üben größere Massen auch größere Kräfte aus. Zusätzlich dynamischer Effekt. Aussteifungsregeln. Siehe auch z. B. [5] und Modelle 2 und 110.

<u>Lehrbereich:</u> Mechanik; Tragwerkslehre.

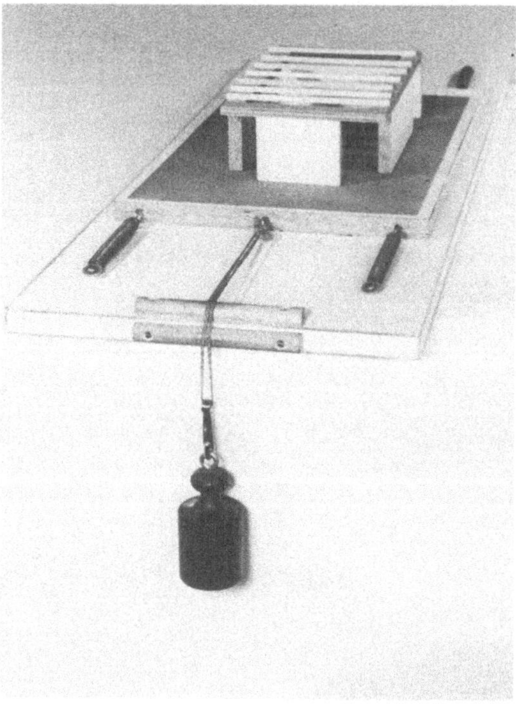